오늘도 일터에서
4명이 죽는다

재해로부터
당신을 구하는
10가지 방법

오늘도 일터에서 4명이 죽는다

최돈흥 지음

매일경제신문사

추천사

　대한민국의 산재 사망자는 OECD국가 중 최하위 수준이다. 30년간 일터에서 사고로 약 4만 명이 죽었다. 건설업 사망자는 30년 전과 큰 차이가 없다. 산업 현장에서 발생하는 사망사고는 작업별, 기계·기구별, 장비별, 물질별, 장소별로 다양하게 발생한다.

　안전보건공단 이사장 시절 "답은 현장에 있다. 사고 방지의 답은 사고 현장에 있다"라는 말을 강조하며 전국 산업 현장과 산하기관을 다니며 현장 경영을 중요시했다. 많은 사람들은 전문가와 문헌에서 문제를 해결하려고 하지만 그것만으로는 부족하다. 현장을 놓치면 결코 답을 찾을 수 없다.

　저자는 "사고 원인이 정확하지 않으면 그 사고를 또다시 당할 수밖에 없다", "사고 원인은 사고를 보는 위치와 입장에 따라 달라진다", "낮고 좁은 참새의 눈으로 보지 말고 높은 곳에서 매의 눈으로 사고 전체를 날카롭게 조망해 사고 원인을 정확하게 찾아야 한다"라고 주장한다. 저자는 본서에서 사고의 실체적 원인을 규명하고, 사고 유형별 맞춤형 해법을 명쾌하게 제시했다. 산재사고는 물론 각종 대형사고에 대한 핵심 원인과 대책을 말하고 있다.

본서의 '사고로부터 당신을 구하는 10가지 방법'을 당신의 일터에 적용하면 안전하고 쾌적한 작업 환경을 경험할 수 있으며 당신은 사고로부터 자유를 얻게 될 것이다. 산업 현장 관계자 모두가 반드시 읽어야 할 필독서이다. 더불어 모든 국민이 일독해서 생활 속의 각종 사고로부터 자신의 생명과 재산을 지키길 바란다. 본서는 일반 자기 개발서에 근접한 최초의 산업 안전 예방지침서이며 산업 안전 관련학과 학생들의 필독서로도 부족함이 없다.

정부에서 안전정책에 본서의 내용을 참조한다면 '2022년까지 산재 사망사고 반으로 줄이기'는 결코 어렵지 않을 것이다. 기업체 및 사업장, 정부 안전정책 담당자, 재해예방기관, 안전연구원 및 대학에서 일독한다면 산재 사망사고의 대폭 감소는 물론 세계 제일의 안전한 대한민국 만들기에 크게 기여할 것이다.

제12대 안전보건공단 이사장 백헌기

한국은 OECD회원국 중 1인당 국민소득 10위에 이르는 경제 강국이다. 경제 규모로는 선진국 대열에 진입했다. 조선업, 원자력, 반도체, 자동차, 화학산업, 스포츠 및 한류열풍 등 각 분야에서 세계의 선두를 달리고 있다. 그러나 산재사고, 교통사고, 자살 등 각종 사고는 하위 수준이다. 사고가 국가발전에 장애가 되기도 한다.

안전보건공단에서 27년간 사업장 안전증진에 열정을 바쳐 일하며 얻은 지식과 경험을 토대로 이 책을 집필한 저자는 "우리에게 보이는 것만으로 판단하고 행동하면 안 된다. 실체적 진실 대부분은 우리가 보지 못하는 곳에 있다", "사고를 당하지 않으려면 사고가 발생할 수밖에 없는 근원적인 요인을 규명해서 개선하고 제거해야 한다"라고 말한다.

저자는 또한 "사고에서 자유로운 사람은 없다", "사고 피해자도 사고 없이 안전하고 행복하게 살기를 원했지만 사고를 당했다. 위험을 보지 못했기 때문이다", "위험을 모르면 사고를 당할 수밖에 없다"는 것을 강조한다. 그리고 각종 산재사고의 유형과 발생 원인을 고찰하고, 그러한 사고를 막을 수 있는 현실적인 방안을 제시하고 있다. 우리는 저자가 말하는 사고예방에 관한 해법에 귀를 기울여야 하겠다. 그래야 사고에서 조금이라도 자유로울 수 있다.

이 책은 직접 경험하지 못한 여러 가지 사고를 간접적이지만 심층적으로 경험할 수 있게 하고, 사고의 심각성을 체득하게 해서 우리 주변에 있을 수 있는 위험 요인을 찾아내어 대처할 수 있는 감각과 방법을 제시하고 있다. 사업장 및 산업안전보건 관계자뿐만 아니라 모든 국민에게 도움이 될 듯해 추천한다.

서울과학기술대학교 명예교수·제13대 안전보건공단 이사장 이영순

정부는 국민 생명 지키기 3대 프로젝트(교통사고·산업재해·자살로 인한 인명피해 절반 줄이기 운동)와 함께 국가안전대진단을 추진하고 있다. 하지만 최근에 이천에서 대형화재가 또다시 발생해 수십 명의 근로자가 귀중한 생명을 잃었다. 대한민국에서는 크고 작은 사고가 늘 발생한다. 각종 안전대책을 비웃듯이 사고는 발생하고 있다.

온 국민이 생명과 재산을 지키기 위한 정부의 안전대책을 바라고 있다. 정부는 첫째, 공공 시설물의 위험 요소를 발굴하고 개선해야 한다. 둘째, 각 정당과 부처는 신속하고 치밀하게 안전 관련 법·제도 개선에 앞장서야 한다. 셋째, 기업과 시설물 소유자는 국민과 근로자의 안전을 책임지는 안전경영방침 의지를 다져야 한다. 넷째, 나와 내 가족의 안전을 지키기 위해 우리의 관심과 노력 또한 중요하다. 이 모든 것이 안전문화로 정착되어 국민 모두가 안전 파수꾼이 되어야 한다.

저자는 27년간 안전보건공단에서 산업안전에 대한 연구와 사고 발생 현장의 경험을 토대로 집필한 본서에서 '사망사고 사례 중심으로 핵심 사고의 원인과 맞춤형 안전대책'을 제시한다. "사고에 관한 고민 없는 안전활동은 무의미하다", "형식적이며 현장 작동성이 없는 안전활동 속

에 우리의 가족이 일터에서 죽어간다", "한 명의 재해자가 발생되면 한 가정이 무너진다. 최소한 생계를 위한 일터의 안전은 지켜져야 한다"라고 주장한다.

산업 현장 및 기업체의 안전보건 관계자, 안전정책 담당자, 안전보건학과 학생을 비롯해 국민 모두 본서를 일독하고 생활 속에서 안전을 실천한다면 한국은 사망사고 후진국에서 안전선진국이 되는 길이 결코 멀지 않을 것이다.

안실련 공동대표 · 안문협중앙회 민간공동위원장 ·
서울과학기술대학교 명예교수 정재희

프롤로그

"우리에게 필요한 것은 존재하지 않는 것을
꿈꿀 수 있는 사람들이다."

– 존 F. 케네디(John F. Kennedy) 미국 대통령 –

태양은 내일 다시 떠오르지만,
인간의 생명은 다시 태어나지 않는다

산재 사망사고는 당신에게도 일어날 수 있다. 오늘도 작업자 중 4명이 죽는다. 그것도 당신의 일터에서 말이다. 아버지와 대학생 아들이 형틀 작업 중, 아들이 감전으로 사망했다. 아들이 사용했던 둥근톱의 전선 표면이 손상되어 아들이 감전되었다. 무더운 여름날, 아버지를 돕던 아들이 사고를 당했다. 목수인 아버지는 아들이 사고로 죽는 것을 목격할 수밖에 없었다.

황금연휴 하루 전인 2020년 4월 29일, 이천 물류창고 현장에서 대형 화재로 38명이 사망하고, 10명이 중경상 피해를 당했다. 건설 현장의 대형화재는 이제는 새롭지 않다. 동일한 사고가 계속 반복해서 발생한다.

이런 안타까운 산재사고는 한국에서 매일 일어난다. 매일 4명의 작업자가 사고로 죽는다. 연간 약 1,000명이 사고로 죽는다. 사고로부터 자유로운 사람은 아무도 없다. 당신의 가족도 예외는 아니다. 물론 당신도 예외는 아니다.

1995년 삼풍백화점 붕괴로 502명이 매몰 사망, 2014년 세월호가 바다에 가라앉아 295명이 사망하는 등 각종 사고가 발생함에도 사람들은 대체로 '나는 사고를 당하지 않는다'고 생각한다. 누구나 안전하고, 행복하게 살기를 원하지만 많은 사람들이 불의의 사고로 죽고 다친다. 원해서 사고를 당한 사람 없고, 당할 것이라고 예상하고 사고를 당한 사람 또한 없다. 사고를 당한 피해자 모두 '나는 사고를 당하지 않는다'고 생각한 가운데 사고를 당한다. 당신도 '사고는 나와 상관없는 일이다'라고 생각하는가? 그런 당신도 사고 당사자가 될 수 있다. 사전에 위험을 볼 수 없다면 말이다.

코로나바이러스감염증-19(COVID-19)로 전 세계가 불안과 공포에 떨고 있다. 하지만 코로나보다 더 무서운 것이 산업사고다. 많은 사람들이 그 중요성을 인식하지 못하고 있다. 지금 이 글을 읽는 순간에도 일터에서 사고로 사람이 죽어간다. 한국은 OECD국가 중 사고가 가장 많이 발생한다. 심각한 수준이다.

대한민국은 6.25 전쟁 직후 지구상 최빈국에서 현재 전 세계 10대 경제대국이 되었다. 대한민국은 6.25 전쟁 직후 하루도 원조받지 못하면 살 수 없는 나라였다. 약 70년이 지난 현재, 경제 원조를 받는 국가에서 원조를 하는 최초 국가이자 유일한 국가가 되었다. 스포츠, 한류 열풍, 조선업, 자동차업 등 많은 분야에서 두각을 나타내며 선진국 대열에 이르렀다. 반면에 대한민국은 죽고 다치는 각종 사고가 다발하는, '사고 공화국'이라는 오명을 듣고 있다.

대한민국은 사고 후진국이다. 일본, 싱가폴 등 안전선진국은 효과적인 안전활동으로 십여 년 동안 산재사망자를 80% 감소시켰다. 하지만 한국은 30년 전과 비교해서 달라진 것이 별로 없다. 흑묘백묘(黑猫白猫)란 '검은 고양이든 흰 고양이든 쥐만 잘 잡으면 된다'는 뜻으로, 1970년대 말부터 덩샤오핑이 취한 중국의 경제정책이다. 이를 다르게 표현하면 '금으로 만든 고양이든 다이아몬드로 만든 고양이든 쥐를 잡지 못하면 아무 소용없다'는 뜻이 된다. 안전조직과 예산이 확보된 대기업과 대형건설 현장의 안전활동은 형식은 그럴듯해 보이지만 사고는 제대로 막지 못한다. 사고를 막지 못하는 안전활동은 시간과 예산의 낭비일 뿐이다.

많은 건설 대형사고가 안전활동을 열심히 한다는 대기업과 대형건설 현장에서 주로 발생한다. 4명 사망, 4명 부상의 대형사고가 발생한 2017년 부산 LCT 대형사고도 국내 메이저급 대기업이자, 공사 금액이 조 원 단위인 초대형 현장에서 발생한 것이다. 작업틀을 매다는 벽체 고정 볼트가 잘못 시공된 것이 사고의 주원인이다. 여러 명의 작업자들이 올라타는 작업틀을 고정하는 일은 아주 중요한 작업임에도 볼트 설치 과정에서 안전확인은 전혀 없었다.

국내 사고의 대부분은 이처럼 어처구니없이 발생한다. 안전활동이 거창하게 실시되지만, 이는 지극히 간단한 사고도 막지 못한다. 안전활동이 현장에서 작동하지 않고 있다는 뜻이다.

　사고를 막으려면 위험을 볼 수 있어야 한다. 위험은 과거에 발생된 사고 사례를 통해서 볼 수 있다. 안전보건공단은 30년간 조사한 수만 건의 중대재해의견서의 위험 정보를 보유하고 있다. 각 사업장에서 위험 정보를 쉽게 알 수 있도록, 이 중대재해 위험 정보를 빅데이터화한 후 사업장에 제공해야 한다. 하지만 현실은 녹록치 않다. 그래서 이 책이 필요한 것이다. 이 책을 통해 다양한 사고 사례를 쉽게 알 수 있게 될 것이고, 그로 인해 독자는 사고 위험을 볼 수 있는 눈을 가지게 될 것이다.

　국내 산재사고의 사망사고 50% 이상을 점유하는 건설 사망사고의 주원인은 비정상적 작업 환경에 있다.

　첫째, 작업장에 작업자가 이용할 작업통로가 없다.
　둘째, 가설 공사는 공사로 여기지 않는 잘못된 관행이 있다.
　셋째, 건설 현장에서 안전관리자의 역할이 없다.
　넷째, 안전활동은 사무실에서 주로 서류 중심으로 이루어진다.
　이러한 비정상을 속히 정상화해서 날마다 일터에서 죽어가는 작업자를 살려야 한다. 사고를 막으려면 사고 특성과 패턴을 파악해 안전활동에 적용해야 한다. 건설업을 중심으로 발생한 사망사고는 90% 이상이 〈건설 3대 사고〉로 인해 발생한다. 안전활동은 〈건설 3대 사고〉 예방 중심으로 추진되어야 한다.

　사고 방지 지식보다 사고를 막고자 하는 의식이 더 중요하다. 이 책에서는 국내 산재 사망사고 다발의 원인을 정확히 지적했고, 획기적인 산재사망자 감소 처방을 제시했다. 이 책을 읽으면 당신도 훌륭한 사고 예방 전문가가 될 수 있을 것이라고 확신한다.

나는 안전보건 관계자와 사업장에서 이 책의 제안을 적극 적용한다면 3년 내에 건설 현장의 사고사망자가 현재 약 500명에서 약 50명 이하로, 획기적으로 감소될 것이라고 확신한다. 뿐만 아니라 개인 각자가 이 책의 제안대로 한다면, 충분히 사고를 당하지 않을 수 있을 것이고, 더불어 안전하고 건강한 일터를 만들어낼 수 있을 것이라고 확신한다. 이 책은 당신도 사망사고의 당사자가 될 수 있다는 경각심을 불러일으켜줄 것이다. 뿐만 아니라 매일 일어나는 산업재해로부터 당신을 지켜줄 것이다. 행운을 빈다.

최돈흥

차례

추천사   4
프롤로그   9

1장 당신의 일터에서 날마다 사람이 죽는다

01. 사고에서 자유로운 자는 없다   20
02. 당신도 사고 당사자가 될 수 있다   32
03. 산재사망자는 OECD국가 중 최상위 수준이다   36
04. 30년 동안 7만 명이 일터에서 죽었다   42

2장 왜 이렇게 많이, 매일 발생할까?

01. 동일한 사고가 반복된다   50
02. 안전활동이 무용지물이다   57
03. 무지가 사고를 부른다   67
04. 위험을 보지 못한다   74

3장 산업재해로부터 당신을 구하는 10가지 방법

01. 위험 정보를 잡아라 · 84
02. 사고 사례를 빅데이터화하라 · 89
03. 중대재해 정보를 활용하라 · 94
04. 사고 흐름을 통찰하라 · 99
05. 사고 길목을 차단하라 · 103
06. 작업과 환경을 정상화하라 · 119
07. 안전활동을 습관화하라 · 132
08. 사고 사례에 집중하라 · 140
09. 현장 중심이어야 한다 · 145
10. 본질을 찾아라 · 150

4장 세계 최고 안전선진국! 우리도 될 수 있다

01. 3년 안에 건설사망자 90%를 줄이자 · 158
02. '사망사고 방지 위원회'를 구성하자 · 165
03. 건설업 사망사고부터 막자 · 170
04. 사고 사례를 게시하자 · 177

 **사고를 획기적으로 감소시킨 우수 사례**

01. 일본의 비계 선행공법 184
02. 건설 안전패트롤 190
03. ○○○기관의 4년간 증가한 사망자 수 감소 200

에필로그 210

부록 | 1. 사고 방지 방안은 변하지 않았다 218
　　　2. 국내 산업 환경 특성, 사망사고 발생 패턴 그리고 사망재해 감소 해법 220

"전문가란 그 분야에서 겪을 수 있는 모든 실패를 경험한 자다."

- 닐스 보어(Niels Bohr), 덴마크 물리학자 -

1장

당신의 일터에서
날마다 사람이 죽는다

사고에서 자유로운 자는 없다

"위기 상황에서는 누구의 판단이 옳은지 아무도 알 수 없다.
오히려 본능에 충실할 때 생존 확률이 더 높다."

– 김병완, 《부의 5가지 법칙》 중에서 –

위험을 알아야 사고를 막는다

영화 같은 사고가 대한민국의 수도 서울에서 발생했다. 1994년 10월 21일 토요일 아침, 사람들의 출근길에 성수대교가 갑자기 붕괴했다. 출근하려는 많은 차량이 성수대교 위에서 서행 중이었는데, 다리가 붕괴해 32명이 사망하고 17명이 부상당했다. 붕괴 원인은 부실 시공과 교량 유지관리 부실이었다. 시설물의 경우 안전규정·안전기준을 준수해 건설하는 것보다 더욱 중요한 것이 '시설물 유지관리'다. 부실공사를 한다고 해도 유지관리에서 그 부실을 발견해 사고를 막을 수 있기 때문이다. 정기적으로 안전 상태를 확인하지 않았을 때, 그 결과는 처참하다.

1995년 6월 29일에는 서울 강남의 삼풍백화점이 붕괴했다. 지상

5층, 지하 2층 규모의 건물이 지하층까지 완전히 붕괴했다. 이 사고로 502명이 사망하는 등 1,445명의 사상자가 발생했다. 붕괴 원인은 무리한 증축과 과하중, 부실 시공, 유지관리 부실 등이다. 붕괴 전 지붕 균열 등 위험을 확인하고 대피를 알렸어도 많은 인명 피해는 없었다.

1994년 성수대교 붕괴사고

1995년 삼풍백화점 붕괴사고

누구나 백화점은 안전하다고 생각했다. 어떤 사람도 백화점이 붕괴하리라고는 꿈에도 생각하지 않았다. 더구나 대한민국의 수도 서울에 있는 백화점이 붕괴하리라고 예상한 사람은 없다. 그러나 사고는 때와 장소를 가리지 않는다. 누구나 붕괴 직전의 교량을 지나갈 수 있고, 누구나 삼풍백화점과 같이 붕괴 위험이 있는 건축물 안에서 쇼핑을 할 수 있다. 그 시설물의 위험에 무지한 상태라면 말이다. 사고는 특별한 사람만 당하는 것이 아니다. 사고를 당한 사람도 당신과 다를 것이 없다. 사고에서 자유로운 사람은 아무도 없다.

현대는 고위험 사회다. 생활이 편리한 만큼 위험도 높다. 현대의 사고는 많은 사람들이 죽고 다치는 대형사고로 발생한다. 그러나 아무리

커다란 위험이라도 관리 범위 안에 있으면 사고는 없다. 바꿔 말하면 '위험이 관리되지 않으면 아무리 사소한 위험이라도 그 위험으로 인해 대형사고가 발생하는 등 속수무책으로 피해를 당하게 된다'는 뜻이다.

사고가 발생하면 불특정 다수가 죽고 다친다. 세월호 사고, 성수대교 붕괴, 삼풍백화점 붕괴 등 대부분의 대형사고는 사고의 책임 소재와 관계없이 불특정 다수가 함께 피해를 당한다. 백화점 등 대형판매시설, 놀이시설, 도로, 학교, 강당 등 다중이용시설의 관리 주체가 철저하게 유지관리해야 하는 것은 당연하지만, 이용자들의 관심과 참여도 필요하다. 관리 주체의 부실한 관리로 죽거나 다치는 사람은 결국 이용자기 때문이다. 관리 주체가 시설물 유지관리를 제대로 하고 있는지에 대한 감시와 위험에 대한 신고·제보 등 할 수 있는 모든 것을 해야 한다. 평상시 안전에 관심을 갖고 있어야 한다.

2003년 대구 지하철에서 화재가 발생했다. 정신이상자가 전철 바닥에 휘발유를 뿌리고 불을 지른 것이 큰 화재로 번진 것이다. 192명이 죽고 148명이 부상을 입었다. 대형참사로 이어진 이 사고의 원인은 ① 화재 발생 초기의 소화 실패 ② 대피 실패다.

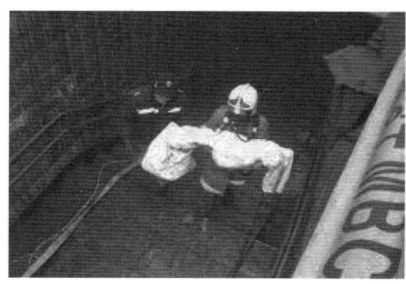 

대구 지하철 화재 참사

위기가 발생하면 신속히 행동해야 한다. 신속히 신고하고, 신속히 화재를 진압해야 한다. 각자가 먼저 나서야 하고 내가 먼저 행동해야 한다. 그래야 나를 비롯한 많은 사람이 살 수 있다. 전철 내에서 화재가 발생했다면 즉시 119, 112 등에 신고해야 하고 동시에 불을 꺼야 한다. 소화기는 전철 객실 앞뒤에 있다. 소화기의 사용법은 다음과 같다. ① 소화기 핀을 뽑는다. ② 소화기 호스를 화재 방향으로 한다. ③ 손잡이를 당기면 소화액이 분무된다. 소화가 잘 안되면 다른 소화기로 다시 하면 된다. 초기에 끄지 않으면 화재 진압은 어렵다.

대구 지하철에서 화재 발생 당시, 객실 안에는 수많은 승객이 있었으나 화재 초기에 아무도 불을 제대로 끄지 못했다. 초기 화재 진화에 실패한 것이다. 생활 속에는 크고 작은 위험이 항상 존재하고, 사고는 늘 발생할 수 있다. 그 피해의 크기는 우리의 위험인지 능력, 위험대처 능력, 사고처리 능력에 따라 달라진다. 대구 지하철 화재의 경우, 최초 화재 발생 시 승객 대피에 책임이 있는 열차 기관사의 잘못된 방송과 행동으로 많은 사람이 생명을 잃었다. 열차 기관사는 화재가 났으니 열차 안에서 기다리라고 방송한 후, 자신은 열쇠를 뽑아 달아나서 열차 안에 있던 대부분 사람들이 참변을 당했다.

미국 9.11 테러 참사에서도 같은 일이 벌어졌다. 9·11 테러 당시 현장에서 벌어진 실화를 바탕으로 쓰인 《102분》(동아일보사, 2005)를 보면, 평소 대피 훈련을 잘 받은 후지·미즈호의 직원들이 로비로 내려가 회전문을 통과하려는 순간 경비원이 불러 세웠고, 이곳은 안전하니 사무실로 돌아가라는 지시를 내렸다고 한다. 권위적인 경비원의 지시에 사무실로 되돌아간 사람들은 모두 죽음을 맞았다.

또한 남쪽 타워 22층에 있었던 모건 스탠리의 경우, 평소 강도 높은 대피 훈련을 해왔기 때문에 신속하게 직원들을 내보냈다. 그러나 건물 내 안내방송에서 건물이 안전하니 사무실로 돌아가라는 방송이 연신 흘러나오자 사람들은 다시 방향을 돌렸고, 결국 많은 사람이 참변을 당했다고 한다.

세월호 참사 당시에도 선장과 선원은 방송으로 승객은 움직이지 말고 그 자리에 있으라고 해놓고, 자신들은 지켜야 할 승객을 버리고 탈출했다. 대부분 승객들은 탈출해야 할 귀중한 시간을 배 속에서 모두 다 허비하고 바다로 수몰되는 참변을 당했다.

많은 대형참사의 가장 큰 원인은 사람들을 대피시킬 책임이 있는 기관사, 선장, 보안직원, 안전직원들의 잘못된 지시와 안내다. 승객 등 대피시켜야 할 사람들을 버리고 자신들만 탈출하는 일이 비일비재하다. 작가 김병완은 《부의 5가지 법칙》에서 위기 상황에서는 타인의 지시를 절대 따라서는 안 되고, 자신의 본능에 충실할 때 생존 확률이 높다고 말한다. 진짜 위기 상황에서는 시간이 많지 않고, 그렇다면 본인이 선택을 내려야 한다는 것이다.

대한민국에서는 수많은 대형사고가 발생한다. 꿈에도 생각하지 못한 대형사고가 우리 생명을 위협하고 있다. 현대 생활은 편리한 만큼 위험도 크다. 코로나 전염병이 전 세계를 옮겨다니는 것은 교통의 편리성으로 병의 전파력도 빠르고 크기 때문이다. 현대를 사는 우리는 편리한 생활을 누리는 만큼 위험에 대한 관심과 관리도 더 철저해야 한다. 사고에서 자유로운 사람은 없다. 당신도 예외는 아니다.

우리는 단 한 사람도 구하지 못했다!

2014년 4월 16일 오전 9시경 476명의 승객을 싣고 인천을 떠나 제주도로 항해하던 여객선 세월호가 바닷속으로 침몰했다. 탑승객 중 324명은 단원고등학교 2학년 학생이었다. 어른들의 무능으로 많은 학생들이 희생되었다. 사고 초기에 탈출한 일부 승객을 제외하고는 모두 목숨을 잃었다. 304명의 사망·실종을 낳은 이 사고의 원인은 총체적 부실이다. 사고의 근본 원인은 정부와 선박회사의 선박 관리 부실이다. 그리고 사고의 직접 원인은 과적재+적재 화물의 부실한 결박+평형수 부족에 따른 복원력 상실이다. 마지막으로 많은 사망자가 발생한 것은 선장과 승무원의 부도덕과 해경의 구조 부실이다.

사고의 근본 원인은 선박회사의 선박 관리 부실과 그것을 방치한 정부에 있다. 약 500명의 승객의 생명이 달려 있는 대형선박의 운행·운영에 대한 관리·감독은 허술하기 짝이 없다. 평형수가 부족한 선박에 적재 한도를 초과해 화물을 실어도 아무도 확인하지 않는다. 적재된 화물은 선박에 제대로 결박하지 않고 출항을 해도 제재하는 사람이 없다. 수백 명의 사람을 태운 선박의 기본 수칙 준수 이행에 대한 확인은 없었다. 평형수 확인, 적재 한도 범위 내 화물 적재 여부 확인, 적재 화물의 결박 상태 확인 등 최소한의 안전 확인이 없는 상태에서 수백 명의 생명이 달린 선박의 운행이 가능했다는 것에 경악을 금치 못한다. 관계 당국의 관리·감독은 허술하기 짝이 없었다. 선박의 운행 규정, 관리·감독을 강화해야 한다.

수백 명 승객의 생명을 1년 이하의 계약직인 선장과 승무원에게 맡겨야 하는 제도 또한 문제가 있다. 선장과 승무원의 소속감, 사명감, 안전관리 능력에 대한 직원 안전교육과 운행 업무시스템을 새롭게 구축해야 한다. 직위를 보장함과 동시에 책임을 물을 수 있도록 제도를 개선해야 한다. 선박 운행에 관한 모든 비정상적인 것을 분석해 정상화시켜야 한다. 그 방안은 다음과 같다.

- 낡은 선박, 무리한 증축·개조 금지
- 복원력 테스트를 비롯한 안전검사 제도 개선
- 허용 적재량 확인, 적재 화물 결박 상태 확인 절차 강화
- 평형수(배 중심을 잡는 역할) 관리 및 확인 절차 강화
- 대형선박은 1등 항해사가 운전하도록 강화
- 안전관리감독업무(운항관리업무)의 민영화(한국해운조합) 재검토 등

배가 서서히 기울어 바닷속으로 잠길 때까지 우왕좌왕 허둥지둥하며 아까운 시간을 다 소비했다. 부모는 아들·딸들이 죽어가는 것을 바라볼 수밖에 없었다. 세월호와 유사한 사고에서 일본 해경에 의해 모두 구조된 것과 수백 명의 생명을 잃은 세월호 사고는 확실히 비교된다. 관계당국의 안전관리 시스템, 사고대처 능력은 형편없었다. 안전관리

시스템을 근원적으로 바꿔야 한다. 선장, 승무원, 해경 각 개인별 책임을 묻는 방식이 아닌 재난 대처 시스템을 획기적으로 개선해야 한다.

앞서 언급했듯이 세월호 사고의 직접 원인은 과적재, 부실한 화물 결박, 평형수 부족이다. 처음부터 평형수가 부족한 상태에서 화물을 과적재했고, 그 화물을 제대로 결박하지도 않았다. 사고는 파도에 의해 결박이 풀린 화물이 한쪽으로 쏠리는 과정에서 선박이 기울어지며 발생했다. 한 번 한쪽으로 쏠린 적재 화물을 바로 잡을 수 없었고, 선박은 계속 기울어지며 바닷속으로 침몰할 수밖에 없었다.

또한 선장과 승무원의 부도덕과 무책임, 해경의 구조 지연 등 구조의 부실도 원인이었다. 사고 직후 선박의 상태를 가장 잘 아는 사람은 선장과 선원이다. 선장과 선원은 사고 직후 선박이 가능성이 없다고 판단했다. 선박을 포기하고 탈출을 결정하면서 승객에게는 알리지 않았다. 사고 발생 시 승객의 대피 등 생명을 보호해야 할 책임이 있는 선장과 선원이 승객의 대피 조치를 하지 않은 것이다. 오히려 '선박에서 대기하라'는 방송으로 거짓 정보를 알려 침몰하는 선박에 승객을 버려두고 자신들만 탈출했다. 학생을 비롯한 수백 명의 승객들은 거짓 정보로 탈출할 수 있는 골든타임을 허비해 침몰하는 선박과 함께 바닷속으로 죽어갈 수밖에 없었던 것이다. 거짓 정보가 수백 명이 죽는 대형참사를 발생시켰다.

현장에 출동한 해경은 승객들에게 퇴선 명령을 하지도 않았다. 선장과 승무원, 해경 어느 누구도 선박 안에 갇혀서 어떻게 해야 할 줄 모르는 승객들에게 '빨리 선박 밖으로 탈출하라!'는 생명의 목소리를 외치지 않았다. 해경은 사고 선박 안으로 들어가서 승객을 구하지 않고, 스스로 선박 밖으로 탈출한 승객을 구조했을 뿐이다.

사고 후 배가 바닷속으로 완전히 잠길 때까지 승객들을 구조할 수 있는 시간은 어느 정도 있었지만, 선장과 선원, 해경 및 관계 당국은 이 골든타임을 모두 놓쳤다. 거짓 정보로 승객의 탈출을 막은 무능·부패한 선장과 선원, 퇴선 명령을 하지 않고 구조에 소홀했던 해경의 무책임한 행동으로 많은 생명이 참변을 당했다. 선장과 선원은 승객의 안전을 최우선으로 해야 한다. 승객을 안전하게 탈출시켜야 했다. 선박뿐만 아니라 비행기, 철도, 버스 등 모든 운송수단은 승객이 승무원을 믿기 때문에 탑승하는 것이다. 세월호의 승무원들이 탈출하면서 "선박 안에 있으면 반드시 죽는다. 빨리 나와야 한다"며 승객에게 정확한 위급상황을 알렸어도 많은 생명을 구할 수 있었다. 잘못된 하나의 메시지로 수백 명이 죽을 수 있고, 정확한 안전정보로 수많은 사람의 생명을 구할 수 있다.

세월호 침몰은 ① 정부의 선박 운행의 관리감독 부실 ② 노후 선박을 구입하고도 무리한 증축·개조로 복원력을 상실하게 만든 선박회사의 선박 운영 부실 ③ 화물의 초과 탑재, 화물 결박 부실 ④ 선장의 자리 이탈이라는 원인 외에도 사고 발생 후 ⑤ 정부의 우왕좌왕 대처와 무능력 ⑥ 승객에게 선박 침몰을 알리지 않고 거짓 정보로 탈출을 막은 선장과 선원의 부도덕함 ⑦ 해경의 늦장 대응, 구조 소홀 ⑧ 언론사의 오보 등 그야말로 안전문제의 종합판이다. 한두 개라도 정상이었다면 이러한 사고는 없었을 것이고, 사고가 발생했어도 대형사고로 이어지지는 않았을 것이다.

사고는 쉽게 발생하지 않는다! 하나의 비정상만으로 사고는 발생하

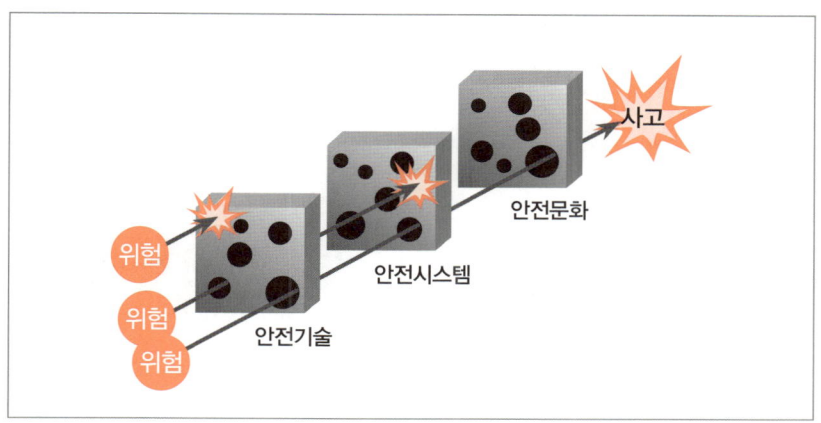

지 않는다. 사고를 막는 방호막은 한 개가 아니기 때문이다. 사고는 비정상이 겹겹이 쌓일 때 비로소 발생한다. 관리적 부실, 기술적 부실, 교육적 부실 등 부실이 쌓일 때 사고는 발생한다. 위험이 여러 단계의 방호막 모두를 통과해야 비로소 사고가 발생한다. 바꾸어 말하면 '하나의 방호막이라도 정상적으로 작동하면 사고는 발생하지 않는다'는 뜻이다. 사고는 모두가 비정상일 때, 너무 엉망일 때 비로소 발생한다.

대형사고가 발생하면 마녀사냥이 펼쳐진다. 사고의 실체적 원인을 찾기보다는 상대방을 공격할 도구로 이용할 빌미를 찾는다. 사고 책임을 상대방에게 전가한다. 사고를 사고로 보지 않고, 정치적 공격 도구로 전락시킨다. 세월호 사고도 사고의 정확한 원인과 대책으로 사고의 수습과 보상 및 제도 개선 등 재발을 막는 데 집중하기보다는 상대편 공격거리로 이용했다. 마녀사냥이다.

대형사고에서 마녀사냥은 실체적 사고 원인의 도출, 같은 사고 예방에 막대한 지장을 초래한다. 마녀사냥은 또 하나의 거짓 정보다. 수많은 마녀사냥의 거짓 정보에 속아 대중은 이리저리 휩쓸려 잘못된 결정과 행동을 한다. 한 예로, 로마시대에 도심지 대형화재가 있었는데, 그 책임을 기독교인에게 돌렸다. 수많은 기독교인이 콜로세움 경기장에서 사자의 먹잇감이 되었다. 그런데도 로마 관중은 이를 즐겼다. 중세시대에는 사고가 발생하면 마녀를 찾아서 공개 처형했다. 몸에 무거운 돌을 매달아 물속으로 던졌다. 물속에 잠기면 마녀가 아니고 물 위로 떠오르면 마녀기에 처형했다. 물속에 잠기든 물 위로 떠오르든 모두 죽임을 당한다. 일본에서는 관동 대지진 때 그 원인을 한국인에게 돌렸다. 많은 한국인이 살해되었다. 한국에서는 광우병 촛불 시위로 시청에 수많은 인파가 몰렸지만, 광우병은 없었다.

   마녀사냥의 거짓 정보가 사고 해결을 방해한다. 사고를 다른 목적으로 이용하는 것은 사고 자체보다 더 나쁘다. 많은 사람이 마녀사냥으로 인해 진정한 위험을 보지 못한다. 대형사고가 다시 발생해 무고한 인명이 또 희생된다. 우리는 마녀사냥의 거짓 정보가 만든 여론에 휩쓸리지 않도록 해야 한다. 사고는 사고로 보아야 한다.

   사람들은 대체로 군중심리에 휩쓸린다. 항상 실체적 진실과 거리가 먼 결정과 행동을 한다. 방송국에서 한 사람을 대상으로 실험을 했다. 이 실험에 참가한 도우미는 수십 명이다. 사전에 도우미들에게 2×3을 질문하면 8이라고 틀린 답을 하도록 했다. 실험이 시작되었다. 몇 십 명의 도우미들이 모두 틀린 답을 정답이라고 대답했다. 마지막에 실험 대상자에게 "2×3의 정답은 무엇입니까?" 질문했고, 실험 대상자의 답변은 "8입니다"였다. 많은 사람들 대다수가 자기 생각, 판단으로 행동을 결정하기보다 다른 누군가가 정한 판단과 기준을 비판 없이 따른다. 그리고 모두가 불행을 겪는다. 우리는 플라톤의 "대중은 우매하다"라는 말을 기억해야 한다.

불행과 슬픔의 역사는 되풀이된다. 우리가 진실을 추구하고, 진실을 주장하며 행동하지 않는다면 말이다. 소를 잃었으면 외양간을 고쳐야 하는데, 고치는 척만 한다. 제대로 작동하는 방호막은 없다. 총체적 안전시스템 부실이다. 앞으로 이 같은 사고가 또 없다고 장담할 수 없다. 분야별로 안전시스템을 점검하고 안전을 강화해야 한다. 우리는 언제 어디서든 선박, 지하철, 비행기 등을 이용할 수 있다. 우리가 이용하는 모든 것들에 대해 관심을 가져야 한다. 사고를 당하지 않으려면 진실을 볼 수 있는 눈을 가져야 한다. 사고는 사고로만 봐야 한다. 실체적 진실에 대한 관심을 가져야 한다. 그리고 행동해야 한다. 그러면 사고 없는 안전한 생활을 할 수 있을 것이다.

당신도 사고 당사자가 될 수 있다

"안다는 것은 전혀 중요하지 않다.
상상하는 것이 중요하다."

– 아나톨 프랑스(Anatole France), 프랑스 작가 –

사고가 당신을 노린다

2014년 5월, 경기도 ○○시의 터미널에서 대형화재가 발생했다. 8명이 사망했고, 5명이 중상, 52명이 경상을 입었다. 지난달 일어난 세월호 사고로 온 국민이 패닉 상태인데 또다시 대형사고가 발생했다. 화재는 지하 1층에서 리모델링 공사 중 용접 불티가 천정 단열재에 옮겨 붙어서 발생했다. 사고 현장에는 국무총리, 국회의원, 도지사, 시장, 신문·방송 기자 등 각계각층 관계자로 인산인해였다. 사고 원인은 용접 불티 비산방지포 미설치다.

화재가 발생한 지하 1층 리모델링 현장에서는 100여 명이 작업 중이었다. 일부 작업자가 불을 끄려고 했으나 실패하자 작업자는 모두 대피

경기도 ○○터미널 화재

했다. 사고가 발생한 지하 1층 리모델링 작업자들은 인명 피해가 없었다. 사상자는 모두 화재 장소의 상부층(1층~3층)에 있던 버스 기사, 승객, 시민이다. 지하 1층에서 올라오는 유독가스 흡입으로 죽거나 부상을 당했다.

화재가 발생한 지하 1층 리모델링 현장에서는 단열재가 시공된 천정 근처에서 가스배관 연결 작업으로써 고소작업대[1] 위에서 길이 6m 가스배관을 용접으로 연결 작업 중이었다. 가스배관 연결을 위한 용접 작업은 천정의 단열재에 인접한 장소에서 할 수밖에 없었다. 그렇다면 용접 시 발생하는 불티가 천정 단열재로 튀는 것을 막기 위해 불티 비산방지포를 설치했어야 했다.

작업자는 불티 비산방지포를 설치하지 않은 상태로 용접 불티가 천정 단열재 속으로 박히는 가운데 용접 작업을 했다. 용접 불티 발생 즉시 화재가 발생하면 작업자가 화재를 인식해 화재 초기 단계에서 불을 끌 수 있지만, 용접 불티가 단열재 속으로 박혀서 발생한 화재는 초기

---

1. 높은 장소에서 작업할 수 있도록 높낮이 조절이 가능한 작업발판

에는 화재가 발생했는지 알 수 없다. 단열재에 박힌 불티는 단열재 안에서 화기가 점차로 커지면서 여러 방향으로 퍼진다. 불이 표면까지 번져 사람들이 화재임을 알게 될 때는 불을 끄는 것이 어렵다.

건설 현장 화재 원인 대부분이 용접 작업 시 발생하는 불티다. 용접 불티가 튀어서 주변의 단열재, 가연성·인화성물질, 가연성 가스 등으로 옮겨 붙으면서 화재가 발생한다. 사고는 위험을 모를 때 발생한다. 우리는 건설 현장 화재의 주원인인 용접 불티의 특성에 주목해야 한다. 용접 시 발생하는 불티는 직경 0.3~3mm로 최대 15m까지 멀리 날아간다. 용접 장소와 멀리 떨어진 가연성물질, 인화성 가스까지 날아가서 화재를 발생시킨다. 약 1,600℃ 온도로 장시간 축열로 단열재 등 재료 안에서 화재를 발생시킨다.

건설 현장은 한 장소에서 여러 작업이 동시에 이루어지지만, 동일한 장소에서 수행하면 안 되는 작업이 있다. 화기 이용 및 발생 작업과 가연성·인화성 물질 이용 및 가연성 가스 발생 작업이 그것이다. 단열재 주변에서 용접 작업을 할 수밖에 없다면 불티 비산방지포를 설치해야 한다. 사고 현장 작업자는 불티 비산방지포를 설치하지 않고 용접 불티가 비산하는 상태로 용접 작업을 했다. 용접 작업자는 용접 불티가 단열재로 튀면 화재가 발생해 많은 사람이 죽는다는 것은 몰랐다. 위험을 알았다면 용접 불티 비산을 방치하지 않았을 것이다. 작업팀장, 현장소장, 감리·감독자, 사고 현장의 어느 누구도 이를 지적하지 않았다. 작업자는 물론 사고 현장의 관리자 및 관계자 모두가 무지(無知)했다. 이들의 무지와 무관심으로 8명이 죽고 수십 명이 부상을 당했다.

모든 사고는 위험에 대한 무지로 발생한다. 사고의 주범은 무지다.

전쟁에서 패한 장수는 용서받을 수 있어도 경계 근무를 소홀히 해 적군 침범 사실을 모르고 있었던 장수는 용서받지 못한다. 전쟁 중에는 사형이다. 산재사고도 이와 다르지 않다. 법 위반으로 판사 앞에 섰을 때 '모르고 한 일이다'라고 말하면, 몰랐다는 사실이 밝혀졌을 때 정상참작이 될 수도 있지만 사고·재난에서 무지는 용서받을 수 없다. 모든 사고의 원인은 무지이기 때문이다. 각종 위험이 산재해 있는 산업 현장에서 작업 전에 위험을 보지 못하면 사고를 당할 수밖에 없다. 사고는 위험에 대한 무관심과 무지를 결코 용서하지 않는다.

당신은 당신 주변의 위험을 볼 수 있는가? 작업 전에 위험을 볼 수 있어야 한다. 건설 현장에서 용접 작업 시 발생하는 대형화재는 새삼스러운 일이 아님에도 현장 관계자 대부분은 무관심하다. 다양한 작업과 많은 종류의 재료와 물질을 사용하는 건설 작업에서 용접 불티 비산에 따른 대형화재 위험이 항상 존재한다는 점을 명심해야 한다.

사고는 언제 어디서든 누구에게나 발생할 수 있다. 사고를 당한 사람은 특별한 사람이 아니다. 당신도 같은 상황에 처할 수 있다. 누구나 터미널이나 영화관 등 다중이용시설에 갈 수 있다. 그렇다면 어떻게 사고를 피할 수 있을까? 영화관에서 영화 시작 전에 비상탈출구를 안내한다. 화재 등 유사시 빠른 대피를 알려주는 것이다. 화재 현장에서 사망자 대부분은 화염으로 죽지 않는다. 먼저 유독가스 중독과 질식으로 사고를 당한다. 화재는 약간의 타는 냄새부터 시작할 수 있다. 예상치 못한 사고를 대비해 비상탈출로 확인, 타는 냄새 인지 등 사고 발생과 피해 방지에 대해 평상시부터 관심을 가져야 한다. 작은 것도 지나치지 않아야 한다. 그리고 행동해야 한다.

산재사망자는 OECD국가 중 최상위 수준이다

"당신의 목표에서 눈을 돌렸을 때,
장애물이 보이기 시작할 것이다."

- 헨리 포드(Henry Ford), 미국 기업인·공학기술자 -

일터에서 죽는 사고가 다발하는 국가는 진정한 선진국이 될 수 없다

 대한민국은 6.25전쟁 직후 전 세계에서 가장 못사는 나라였다. 외국의 원조가 없으면 단 하루도 살지 못했다. 전 국토는 잿더미로 변했고 산에 풀 한 포기 없었다. 당장 먹을 것이 없었다. 지구상에 대한민국 보다 못사는 나라가 없었다. 오래전 일이 아니다. 불과 60여 년 전 일이다. 과거 대한민국의 모습은 지금의 북한을 보면 추정할 수 있다. 북한의 경제는 매우 어렵고 삶이 열악해 대한민국의 1960~70년대를 보는 듯하다.

2000년 겨울에 나는 개성공단을 방문했다. 개성공단 사업장에서 사고로 사망자가 발생해 작업 환경에 대한 실태조사를 위해 방문한 것이다. 휴전선을 넘을 때 북한군을 보았는데, 국군에 비해 키가 월등히 작고 말랐다. 영하 20도의 추운 날씨임에도 북한병사는 국군과 미군이 착용한 두툼한 방한복을 입지 않았다. 추위를 막는 귀덮개도 없다. 북한 병사 얼굴은 얼어서 빨갰다. 휴전선을 지나서 북으로 들어서자 짙푸른 나무와 숲이 온통 황토색 흙으로 변했다. 산에 나무와 숲이 없고, 산의 어느 곳을 보아도 황토빛이었다.

저녁이 되니 개성공단 주변은 암흑이었다. 불빛 하나 없고, 개성공단 주변에 사람이 사는 민가가 있음에도 온통 새까만, 암흑이었다. 사용할 전류가 부족하기 때문이다. 인공위성에서 촬영한 한반도 사진을 보면 남한의 불야성과 북한의 칠흑 같은 암흑은 확연히 구별된다. 아침 식사 후, 개성공단 주변의 민가 몇 채를 볼 수 있었는데, 영하 20도의 추운 날씨에도 난방을 위한 연기는 없었다. 사람이 살지 않는 빈집인 듯 보였지만, 잠시 뒤 집주변에 아이들이 보인다. 사람이 살고 있었다. 영하 20도 혹독한 추위에서 난방을 하지 않는 열악한 생활이었다. 생활 물자는 모든 것이 부족하다.

불과 60년 전 대한민국은 현재의 북한보다 생활이 더 어려웠다. 내 학창시절이었던 1970년대에는 쌀밥이 없었다. 맨보리밥, 국수, 수제비 등이 주식이었고, 이것도 없어서 점심을 굶는 학생이 많았다. 점심은 혼식 검사 후에 밥을 먹어야 했다. 보리 등 잡곡이 30% 이상이어야 했다.

고등학교 1학년 어느 날 점심시간의 일이다. 검사를 받기 위해 도시락 뚜껑을 열고 기다렸다. 교실 문이 열리고 선생님의 혼식 검사가 시작됐다. 뒤에서 뺨을 맞는 소리가 들렸다. 제일 뒤 구석의 한 친구의 도시락은 보리가 한 개도 없는 흰 쌀밥이었다. 간혹 흰 쌀밥 도시락을 가지고 온 친구는 검사 전에 친구 도시락의 보리알 몇 개를 자기 도시락 쌀밥 위에 올려놓는 등 위장해 검사를 통과하곤 했다. 먹을 때는 개도 건드리지 않는다는데, 밥 먹기 전의 체벌, 그것도 손바닥으로 뺨을 맞았다. 그래도 그 친구는 도시락을 먹었다. 그때는 대부분 그렇게 살았다. 아득히 먼 과거가 된 이야기다.

전 세계에서 거지 국가였던 대한민국이 이제 세계 10대 경제대국이다. 국내 총생산 규모가 세계 10위(2018년 통계청 기준)다. 수출은 미국, 독일, 네덜란드 다음으로 세계 4위(2018년 통계청 기준)다. 의료기술, 테크놀로지, 핸드폰, 전자제품, 자동차, 선박, 한류, 영화 등 국가경쟁력이 상위그룹이다. 대한민국에서 기적이 일어났다.

세계 경영학의 대가 피터 드러커(Peter Ferdinand Drucker) 박사는 "유럽이 250년 동안 이룩한 경제성장을 미국은 200년으로 단축했고, 일본은 100년으로 단축했다. 대한민국은 그 기간을 무려 40년으로 초단기간 단축한 저력 있는 국가다"라고 극찬했다. 대한민국은 원조받는 국가에서 원조하는 세계 최초의 국가가 되었다. 미얀마, 베트남, 우간다, 라오스, 동티모르 등 수많은 나라에서 한국의 새마을운동을 국가 차원에서 배웠고, 경제성장의 효과를 보았다. 국제사회에서 새마을운동을 개발도상국의 국가 발전의 모범사례로 인정했다. 새마을 운동은 유네스코에도 등재되었다. 한강의 기적을 일으킨 대한민국을 전 세계가 주목하고 있다.

2019년 10월 기획재정부의 〈세계경제포럼(WEF, World Economic Forum) 국가경쟁력 평가 결과〉 자료를 보면 한국은 평가 대상 141개국 중 13위다. 경제협력개발기구인 OECD(Organization for Economic Cooperation and Development) 36개국 중에는 10위로 캐나다(14위), 프랑스(15위)보다 높다. 초고속 인터넷, 광케이블 등 정보통신기술(ICT, Information and Communication Technology) 부문에서는 1위다. WEF는 한국을 ICT를 이끄는 글로벌리더라고 평가했다. 구매자 성숙도가 1위, 특허출원수·연구개발에서 2위다. 이렇게 다방면에서 선두그룹으로 올라선 대한민국이지만 치명적 약점이 있다. 바로 산재 사망사고가 OECD국가 중 최상위 수준이다. 산재사고로 연간 약 1,000명이 죽는 실정이며, 경제적 손실액이 연간 약 25조 원이다. 산재사고 사망자가 터키, 멕시코에 이어 가장 많이 발생한다[2]. 산재사고가 국가 균형 발전에 걸림돌이 된다. 세계 10위권 경제, 자동차, 선박, 의료기술 등의 국가 위상과 사고 공화국, 사고 후진국은 서로 어울리지 않는다.

대한민국 산재 사망사고 만인율은 2019년 기준 0.46이다. 2018년 0.51에서 감소했고, 과거와 비교해 지속적으로 감소해왔다[3]. 하지만 세계 10위권 등 대한민국의 다른 분야의 수준과 균형을 맞추려면 사고 사망 만인율은 유럽국가들 수준인 0.2 내외가 되어야 한다. 그러면 사고사망자는 약 400명 이하가 된다.

더 나아가 세계가 주목하는 최고 안전선진국이 되려면 사고사망 십

---

2. 국제노동기구(ILO) 홈페이지를 참고했다.
3. 고용노동부 2019년 산업재해 발생 현황에 따르면 연간 사고사망자 수는 2018년 971명, 2019년 855명에 이른다.

만인율은 0.05이며 연간 사고사망자 수는 100명 이하가 되어야 한다. 현재 연간 사고사망자 수인 약 1,000명을 90% 이상 감소시켜야 한다. 황당한 이야기로 들리는가? 이웃 나라 일본은 약 14년 내외 동안 산재 사망자 수를 약 80% 감소시켰다. 우리도 할 수 있다. "당신이 할 수 있다고 생각하든 할 수 없다고 생각하든 당신 생각이 옳다"라고 한 헨리 포드의 말을 주목해야 한다.

먼저, 대형사고 등 사고 발생 시 잘못된 사고처리 방식부터 바꾸어야 한다. 첫째, 사고 발생 즉시 밝혀진 사고 원인은 피상적이다. 근본 원인을 규명해야 한다. 쉽게 볼 수 있는 사고 현상에서 원인을 찾으면 안 된다. 사고 현장에 근접한 자를 사고 책임자로 정하고 사고를 마무리하지 않도록 조심해야 한다. 미국 커뮤니케이션 전문가 샘 혼(Sam Horn)의 《적을 만들지 않는 대화법》에는 이런 내용이 있다. 비가 계속되는 우기철에 교실 한가운데 물이 고이자 선생님은 수위에게 전화해 바닥에 고인물을 닦게 했다. 이런 일이 사흘째 반복되자 선생님은 수위에게 같은 일이 반복된다고 말했고, 수위는 물을 닦아내는 대신 새는 천정을 고칠 거라고 대답했다. 대체로 사람들은 표면 현상인 고인 물을 닦는 데만 바쁘고, 문제의 원인을 찾아 해결하려고 하지 않는다. 근본 원인을 제거하지 않으면 문제는 계속 발생한다. 사고의 근본 원인은 감추어져 있다. 볼 수 없는 것에서 사고의 근본 원인을 찾아야 한다.

둘째, 사고 재발방지대책을 너무 성급히 결정한다. 현장 작동성 있는 대책이어야 한다. 안전규정·문헌 등에서 찾은 모범답안 같은 대책은 현장에서 실현되지 않는다. 겉으로 보기에 화려한 대책은 진짜가 아닐 가능성이 많다. 대책은 반복되는 사고 사례의 공통된 패턴에서 답을 찾아야 하고 현장 상황, 작업 내용, 작업자 특성과 어울리는 내용이어야 한다.

셋째, 대책이 실천되지 않고 다음의 사회적 큰 이슈에 묻혀진다. 발생한 사고는 잊히고, 대형사고는 또다시 발생한다. 현장성이 부족한 대책, 현장 관계자의 공감대를 얻지 못하는 대책은 실현되기 어렵다. 작고 소박하지만 현장의 실행력과 공감대를 얻을 수 있는 대책을 모두 함께 지속적으로 실천해야 한다.

선진국 대열의 대한민국과 '사고 공화국', '사고 후진국'이란 오명은 어울리지 않는다. 진정한 선진국이 되려면 일터에서 발생하는 산재사고가 없어야 한다.

30년 동안 7만 명이 일터에서 죽었다

"미래를 예측하는 가장 좋은 방법은
미래를 창조하는 것이다."

— 피터 드러커(Peter Druker), 오스트리아 경제학자 —

지난 30년 동안 일터에서 약 7만 명의 국민이 사망했다. 속초시 인구에 준하는 국민이 일터에서 사망했다. 그중 절반은 사고로 사망했다.

지난 30년간 우리나라에서 발생한 산재사망자 수(단위 : 명)

연도	1989년	1990년	1991년	1992년	1993년	1994년	1995년	1996년
사망자 수	1,724	2,236	2,299	2,429	2,210	2,678	2,662	2,670
	1997년	1998년	1999년	2000년	2001년	2002년	2003년	2004년
	2,742	2,212	2,291	2,528	2,748	2,605	2,701	2,586
	2005년	2006년	2007년	2008년	2009년	2010년	2011년	2012년
	2,282	2,238	2,159	2,146	1,916	1,931	1,860	1,864
	2013년	2014년	2015년	2016년	2017년	2018년	합계	
	1,929	1,850	1,810	1,777	1,957	2,142	67,182	

출처 : 고용노동부 산업재해현황 분석 각색

※ 참조 : 2003년 이후 연도별 사망자 수는 교통사고 미포함 등 산출 방식은 발표 시점별로 상이할 수 있다.

산재사고를 막고 안전한 일터를 만들기 위해 1981년에 산업안전보건법을 제정했다. 1987년 한국산업안전보건공단을 창립해 국가적 차원에서 본격적으로 산업재해 예방활동을 추진했다. 유해·위험방지계획서, 공정안전보고서, 무재해운동 등 수많은 안전활동이 있었다. 30년간 정부의 안전정책, 안전보건공단의 안전사업, 대학·연구기관·협회·재해예방기관 및 기업체의 안전활동 등 각 기관별 사고 감소 노력에도 산재사망자 수 감소는 만족스럽지 못하다. 매년 연간 약 2,000명이 일터에서 사망했다. 산재 대상 사업장 및 작업자 수 증가 등의 변화가 사망자 감소에 영향을 준다. 하지만 '산재사업장 수와 작업자 수가 증가한 만큼 사고는 많이 발생했다'라는 주장보다는 '산재사업장 수와 작업자 수의 증가에 상응하는 안전활동과 안전사업을 추진해야 한다'라는 자세가 필요하다.

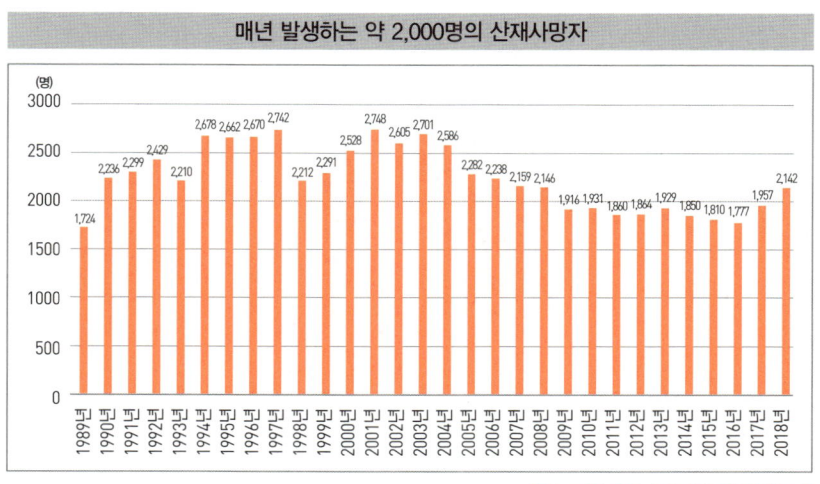

출처: 고용노동부 산업재해현황 분석 각색

영국, 독일 등 유럽의 안전선진국은 작업자 수는 한국보다 많지만 사망사고는 오히려 적게 발생한다. 이웃 나라 일본은 작업자 수가 한국보다 약 2~3배 많음에도 사고사망자 수는 우리와 비슷하다.

내가 산업안전보건연구원 근무 당시 일본 건설안전연구소 소장으로부터 일본 산업재해 통계 자료를 얻을 수 있었다. 일본은 1960년대 초부터 산재통계를 관리하고 있었으나, 한국은 1982년부터 산재통계를 관리했다. 한국과 일본의 산재 특성을 비교하려고 1982년부터 한국과 일본의 건설재해자 발생 현황을 분석해 산업안전보건연구원《안전보건동향 2012》가을호에 발표했다.

우리는 먼저 발생한 사고 통계에서 사고 방지의 길을 찾아야 한다. 1980년대 초에는 국내보다 약 3.3배 많았던 일본 재해자 수가 지속적으로 감소해 2008년부터는 한국 재해자 수보다 적게 발생한다. 한국의

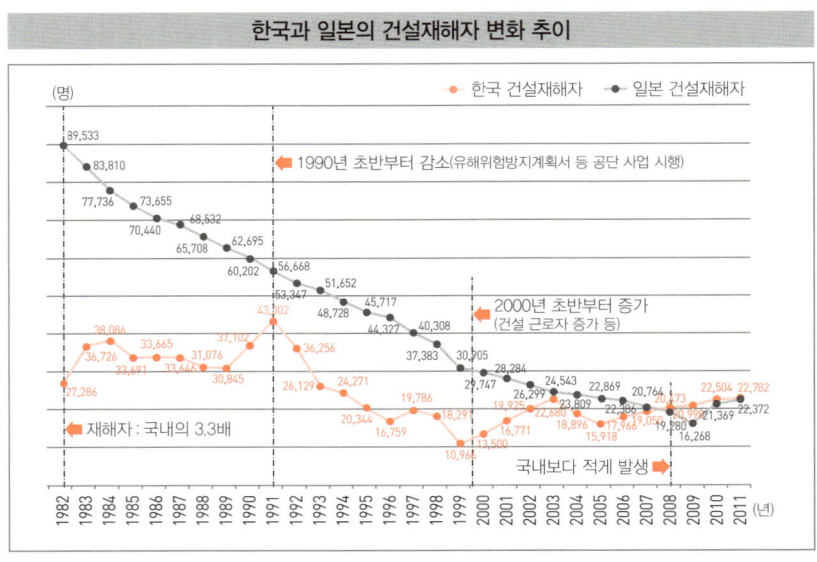

출처: 산업안전보건연구원《안전보건동향 2012》가을호

건설재해자는 본격적인 안전사업 추진으로 1991년부터 감소하는 듯했으나 약 10년 후인 1999년부터 다시 증가했다. 일본의 재해는 지속적으로 감소했고, 한국은 감소와 증가를 반복했다. 우리는 꾸준히 감소한 일본의 산재 패턴과 증가와 감소를 반복한 한국의 산재 패턴의 차이점에 대한 합리적인 이유를 찾아야 한다. 건설근로자가 한국보다 많은 일본이 재해자는 한국보다 적은 현상도 주목해야 한다. 일본의 건설 재해자 수가 30년간 지속적으로 감소한 이유는 무엇일까? 한국의 건설 재해자 수가 감소와 증가를 반복한 이유는 무엇일까?

사업장의 안전활동으로 사고를 제대로 막으려면 다음과 같은 사항들에 대한 고민이 있어야 한다.
- 안전활동이 사고 방향과 일치하는가?
- 안전대책의 핵심 목표와 타깃은 있는가? 있다면 무엇인가?
- 안전대책이 현장에서 잘 작동하는가?
- 안전대책과 안전활동이 일관성은 있는가?
- 관계자들과 공감대를 형성하고 있는가?

또한 안전대책은 현장 중심이어야 하고, 사망사고 예방 중심으로 수립해야 한다. 사고 특성, 사고 패턴, 현장 분석을 토대로 수립해야 한다. 사망사고 다발 분야에 예산, 조직, 인력을 집중해야 한다. 안전활동은 단순, 명확하고 간단하면서 쉬워야 한다. 그리고 일관성이 있어야 한다. 또한 안전서류 작성 등 행정안전을 축소하고 현장 안전을 강화해야 한다. 구제척인 방안은 다음과 같다.

- 기관별 안전서류 작성 기준을 통일시키는 등 안전서류 작성을 최소화해야 한다.
- 사망사고에 직접 관련 없는 안전서류는 과감히 없애야 한다.

그러나 이 모든 것에는 작업자, 사업장 관계자, 재해예방기관 등 관계자의 공감대가 있어야 한다. "신은 행동하지 않는 자를 결코 돕지 않는다"고 했다. 그리스 시인 소포클래스의 말이다. 사무실에서 서류만 작성하는 행정안전은 중지해야 한다. 실천하고 행동해야 한다. 증가와 감소를 반복하는 건설업의 산재 패턴을 지속적 감소세로 전환시키려면 기본과 본질에서부터 충실해야 한다.

우리는 벌지 전투에서 히틀러의 독일군을 격파하고 제2차 세계대전을 승리로 마친 조지 패튼(George Patton) 장군의 "어디서부터 시작해야 할지 모른다면 아무것도 시작할 수 없다"는 말의 의미를 새겨들어야 한다. 산재 사망사고 방지 활동, 그것은 현장에서부터 시작해야 한다.

"인생은 우리가 하루 종일 생각한 것으로 이루어져 있다."

– 랄프 월도 에머슨(Ralph Waldo Emerson), 미국 시인 –

왜 이렇게 많이,
매일 발생할까?

동일한 사고가 반복된다

"한 인간의 현재 모습은 바로
스스로 그렇게 만든 결과다."

— 장 폴 사르트르(Jean Paul Sartre), 사상가·작가 —

국내 산재 특성은 단순·재래형·후진국형이다. 동일한 종류의 사고가 반복해서 발생한다. 사고 방지는 지식과 방법의 문제가 아니라 의지의 문제다. 사고를 막으려는 의지가 있으면 사고는 쉽게 막을 수 있다.

내가 근무했던 안전보건공단 ○○○관내에서 토사 붕괴사고가 반복해서 발생했다. 토사 붕괴로 작업자가 매몰되어 죽는 사고가 10월부터 12월까지 3개월 동안 매월 발생했고, 4명이 사망했다. 사고의 원인은 굴착면 기울기 미준수였다.

그해 10월에는 ○○군 하수도 현장에서 토사 붕괴로 맨홀 내부의 작업자가 토사에 매몰되어 사망했다. 작업자는 굴착 아래 맨홀의 내부에서 토사를 제거하고 있었다. 굴착 상단부 백호[4] 부근의 지반 붕괴로 토

---

4. 땅을 팔 때 사용되는 건설 기계로 흔히 포크레인이라고 한다. 포크레인은 포크레인을 만드는 프랑스회사의 이름이다.

사가 약 4.6m 아래 맨홀 내의 작업자를 덮쳤고, 작업자는 흙속에 묻혀 사망했다.

그 사고가 있은 다음 달에는 ○○관로매설 현장에서 토사 붕괴사고가 또다시 발생했다. 굴착 아래 바닥에서 관로 설치 중에 굴착면이 붕괴되어 토사 더미가 작업자를 덮쳤다. 작업자 1명이 흙 속에 매몰되어 사망했고 또 다른 작업자 1명은 부상을 당했다.

급경사면 토사 붕괴 위험이 있는 관로 굴착 작업

토사 붕괴 위험이 있는 급경사면 굴착

12월에는 세 번째 토사 붕괴사고가 발생했다. 이번에도 관로 매설 현장이다. 이번에는 사망자가 2명이었다. 토사 붕괴 사망사고는 같은 해 경기도에서도 발생했다. 이번 사고 또한 내용은 동일하다. 굴착 아래 바닥에서 관로를 매설하려고 작업자가 모래 포설 작업 중 붕괴되는 토사 더미에 매몰되어 사망했다.

동일한 종류의 사고가 반복해서 발생했다. 토사 붕괴사고뿐만이 아니다. 산재 사망사고 대부분은 동일한 형태가 반복해서 발생한다. 새로운 형태의 사고는 거의 없다. 당신의 일터에서 날마다 발생하는 사고를 막는 것이 결코 어렵지 않다. 사고를 막으려는 의지만 있으면 안전지식과 방법은 쉽게 알 수 있다.

현장 관계자는 대체로 굴착면 기울기 작업 기준에 관심이 없다. 기준을 준수하지도 않고 준수할 필요성을 느끼지 않는 듯하다. 몇 십 년 동안 현장 생활에도 토사 붕괴사고를 당한 경험이 없기 때문이다. 토사 붕괴를 당한 경험자는 대부분 죽었다.

관로 매설 작업의 핵심 위험은 굴착 사면 기울기 미준수로 인한 토사 붕괴 위험이다. 토사 붕괴 결과는 흙 속 매몰 사망이다. 사고자 머리까지 완전히 토사에 묻혀야만 사망하는 것이 아니다. 허리 이상만 묻혀도 붕괴하는 토사더미의 토압으로 사고자의 내장이 충격과 압력을 받아서 사망하게 된다. 수직 굴착으로 토사 붕괴 위험이 높은 관로 매설 작업장에서 작업자는 작은 토사 붕괴에도 흙 속에 파묻혀서 사망할 수 있다.

국내 산업 현장에서 사고로 연간 사망자는 약 1,000명, 재해자는 약 9만 명 발생한다. 산재사고사망자는 건설업에서 주도하고 있다[5]. 산재 사망사고의 약 50% 이상이 건설업에서 발생한다. 대부분 사망사고는 새롭지 않다. 발생한 사고가 또 발생한다. 사망사고가 반복해서 발생함에도 각 작업장에서 반드시 지켜야 할 핵심 안전작업 기준을 지키지 않는 작업풍토가 만연되어 있다. 사고의 발생 형태는 대부분 동일하며 사고 원인도 유사하다.

내가 산업안전보건연구원에서 근무할 때 전국 건설 현장 작업자, 관리자 대상 설문조사로 그들의 안전지식과 안전의식 수준을 분석한 결과, 현장 관계자 대부분은 그들이 해야 하는 작업의 핵심 위험을 모르

---

5. 2018년 기준으로 사망자 2,142명, 사고사망자 971명, 부상자 89,588명, 근로자 수 19,073,438명, 경제적 손실 추정액(간접비 포함) 25,169,507백만 원. 출처 : 고용노동부 산업재해현황 분석 (2018).

는 것으로 나타났다. 작업자는 핵심 위험을 모르는 상태로 작업 중에 사고로 죽는다. 작업자에게 작업 기준을 준수하지 않으면 한 번의 사고로도 죽는다는 사실을 알게 할 수 있다면 사고를 막을 수 있다. 작업자에게 위험 정보, 안전정보를 작업 전에 제공해야 하는 이유다. 우리는 ① 작업별 '핵심 위험 정보' ② 작업별 '작업 기준' ③ 작업 기준 준수 등에 집중해야 한다.

산재 사망사고 발생 사업장은 작업 중지 처분이 내려진다. 사업장에서 안전작업 계획수립 등 안전대책을 수립해 심사를 받은 후에 작업을 해야 한다. 나는 토사 붕괴 현장의 작업중지 해지 위원회에 참석했다. 사고 현장소장의 사고 방지 대책 및 안전작업 계획 발표 후 질의 답변으로 진행되었다. 현장소장은 사망사고 발생에 깊은 유감 표시와 안전작업을 다짐하면서도 사고 원인을 작업자의 부주의로 돌린다. "작업자에게 안전교육을 철저히 하겠다"고 말한다. 현장소장은 사망사고가 발생했음에도 아직도 사고 원인을 모르고 있다. 사고는 다시 발생할 수 있다.

작업자의 안전교육을 철저하게 하지 않은 것이 사고 원인이 아니다. 사고 원인은 굴착 사면 안전 기울기 미준수에 있다. 굴착 작업은 현장소장 등 관리자의 지시와 통제로 진행한 것이다. 작업자가 임의로 작업하지 않는다. 사업장 관계자 대부분이 핵심 위험, 사고 사례, 안전기준에 무지하다. 그래서 사고는 발생하게 되어 있다.

안전대책과 안전작업 계획수립을 사고 현장소장 등 공사 수행자가 작성하지 않고, 대행회사에서 작성하기도 한다. 사고 현장에서 안전대책을 수립하는 것은 사고 재발방지와 안전작업의 목적보다는 작업중지를 해지해 공사를 조속히 재개하기 위함이다. 안전대책 수립이 형식적일 수밖에 없다.

현장 관계자는 대체로 안전한 작업에는 별 관심이 없다. 모든 관심은 작업 수행에 집중된다. 현장 관계자가 작업자에게 위험 정보를 제대로 전달하지 못하므로 작업자는 위험을 모를 수밖에 없다. 작업자가 작업의 위험을 모르고 작업을 하는 것은 볏단을 들고 불 속에 들어가는 격이다. 국내에서 같은 사고가 반복되며 산재 사망사고가 많은 이유다. 작업자는 작업별 핵심 위험과 안전기준을 알아야 한다.

경기도 ○○시의 토사 붕괴사고로 2명이 토사 매몰로 사망했을 때 언론에서 다음과 같은 사고 원인을 발표했다.

- 사고 하루 전에 비가 와서 굴착 사면이 약해졌다.
- 굴착 사면 상부에 장비, 차량의 진동이 사고 원인이다.
- 굴착 사면 상부에 굴착 토사 더미를 과하게 적치했다.
- 굴착 전에 토질과 지반 조사가 미흡했다.
- 작업 기간이 불충분해서 작업을 서두르다 사고가 발생했다.
- 작업장 안전관리가 문제가 많았다.

앞서 발표한 내용은 토사 붕괴 요인의 대부분이라고 할 수 있다. 그러나 모두 토사 붕괴의 간접 원인이 될 수 있으나 '핵심 원인'은 아니다. 토사 붕괴의 '핵심 원인'은 굴착 사면의 안전 기울기 미준수다. 땅속의 장애물 등 작업장 여건상 굴착면에 안전 기울기를 확보할 수 없으면 흙막이 벽을 설치해야 한다. 흙막이 벽 설치 시 물론 공사비는 증액

된다. 발주자는 현장 여건상 흙막이를 설치해야 할 때 공사비 증액에 따른 설계 변경에 대체로 소극적이다. 흙막이가 없이 급경사로 시공하면 토사 붕괴사고 위험이 높아진다. 그러나 시공자는 공사비 절감을 위해 위험을 무릅쓰고 수직 굴착을 하는 실정이다. 시공자는 안전규정을 준수해서 시공해야 하고, 발주자는 적법하게 시공할 때 발생하는 공사비 증액 등 설계 변경에 적극적이어야 한다. 시공자, 발주자 모두 줄 것은 주고, 받을 것은 받는 등 정상적 건설 환경이 되도록 노력해야 한다.

토질별 굴착 사면 기울기 기준		
구 분	지 반	안전 기울기
보통 흙	습 지	1:1~1:1.5
	건 지	1:0.5~1:1
암반	풍화암	1:0.8
	연 암	1:0.5
	경 암	1:0.3

출처: 산업안전보건에 관한 규칙 제338조 별표 11

우리 기관은 관내의 연이은 토사 붕괴 사망사고로 굴착면 안전 기울기 준수와 관련해 사업장에 안내문서를 송부했고 사업장을 방문해 적극 전파했다. 안내문서 송부, 사업장 방문 등 사고 예방과 안전작업이 전파되고 있지만, 경기도 소재 굴착 작업장에서는 아직도 수직으로 굴착한다. 대형 건설사가 시공하는 현장임에도 기본 안전기준을 무시한다. 사업장 관리자들은 토사 붕괴 사망사고를 알고 있고, 작업 기준을 알고 있음에도 안전기준은 지키지 않는다. 문제는 안전의식이고 안전 습관이다.

다음 사진의 작업자는 토사 붕괴가 연이어 발생해 작업자가 사망한 사고를 모르는 눈치다. 굴착 사면 급경사는 토사 붕괴로 이어지며 토사 매몰로 사망하는 위험과 굴착면 안전작업 기울기 기준도 모른다. 모든 작업에는 '핵심 위험'이 있다. 굴착 작업의 '핵심 위험'은 '토사 붕괴'다. 토사 붕괴의 안전기준은 '안전 기울기'다.

위험천만한 수직 굴착면 아래의 작업자

어떤 지반도 수직으로 굴착하지 말아야 한다. 단단한 경암도 굴착면 기울기가 1:0.3 이상이다. 토사 붕괴 현장 대부분은 일반 토사임에도 수직으로 굴착한다. 지금도 많은 관로 굴착현장에서 급경사로 굴착을 한다. 괴테는 이렇게 말했다. "아는 것으로 충분하지 않다. 실제로 적용해야 한다. 바라는 것으로 충분하지 않다. 행동해야 한다." 마음은 무사고를 바라면서 몸은 사고가 발생할 수밖에 없는 행동은 하지 말아야 한다.

급경사로 굴착하는 풍토를 바꾸지 않는 한 토사 붕괴사고는 피할 수 없다. 안전규정·안전기준을 준수하지 않는 한 동일 형태의 사망사고는 계속될 것이다. 안전기준 준수 풍토가 정착되어야 한다. 작업 전에 '핵심 위험'을 알고 작업 중에 '핵심 안전기준'을 준수해야 한다.

안전활동이 무용지물이다

*"누구나 세상을 바꾸려 하지만
아무도 자신을 바꾸려 하지 않는다."*

— 톨스토이(Lev Nikolaevich Tolstoy), 러시아 소설가·사상가 —

안전대책은 현장 적용성이 생명!

안전활동이 현장에서 작동하지 않는다. 안전활동이 실효성이 없기 때문이다. 2020년 4월 29일은 연휴가 시작되기 전날이었다. 석가탄신일, 근로자의 날, 어린이날, 주말이 겹쳐 황금연휴였다. 나는 오후 아내와 동네 산책 후 식당에서 주문한 식사를 기다리고 있었다. TV에서 대형화재 발생이라는 긴급 뉴스가 나왔다. 이천 물류창고 건설 현장에서 대형화재가 발생했다. 황금연휴를 하루 남긴 오후에 발생한 대형화재다. 38명 사망, 10명 중경상의 피해를 낳았다. 사고의 직접 원인은 용접 불티일 가능성이 많다. 사고 현장 3층 엘리베이터 문틀 용접 작업 흔적이 발견되었다. 건설 현장 화재의 원인에는 대부분 용접 작업이 있다.

이 사고는 전형적인 건설 현장 화재 사고였다. 50여 명의 작업자 중 40명이 사망하고 9명이 부상한 2008년 1월 7일 이천 냉동창고 건설 현장 사고와 유사하다. 우레탄 발포 작업 중 화재가 발생한 것도 흡사하다. 더구나 사망자 숫자도 비슷하다. 대부분 건설 현장 사고에서 보듯이 공기 부족에 따른 작업 절차 생략 등이 사고 발생에 간접적으로 영향을 주는 듯하다.

12년 전 대형화재가 발생했던 동일 장소인 이천시, 동일 공사인 창고 건설 현장, 동일 형태 사고인 화재 폭발 사고다. 12년 전 화재 후 재발 방지 대책 수립, 안전활동을 실시했음에도 같은 대형사고는 또다시 발생했다. 안전대책이 현장에서 작동하지 않았다는 말이다. 안전활동이 무용지물이다.

구분	2020년 4월 29일 이천 물류창고 대형화재	2008년 1월 7일 이천 냉동창고 대형화재
개요	지하 2층 우레탄 작업 중 화재 발생	지하 1층 우레탄 작업 중 화재 발생
피해	38명 사망, 10명 부상	40명 사망, 9명 부상

안전대책과 안전활동이 현장에서 작동하지 않는 이유는 무엇일까? 현장과 사고를 모르는 상태에서 안전대책을 수립하고 현장과 사고를 무시한 안전활동을 추진했기 때문이다. 답은 현장에 있다. 사고 방지의 답은 사고 현장에 있다. 현장의 목소리와 사고가 남긴 위험 메시지에 귀를 기울여야 한다.

안전규정, 안전기준, 안전문헌 등에 기초해 안전대책을 수립하면 안 된다. 과거에 만들어진 안전규정 등이 현재의 상황을 모두 반영할 수 없기 때문이다. 국내 작업 환경 특성과 상이한 선진국의 안전활동 사례를 국내 현장에 적용할 수 없다. 안전문헌과 과거 이론 중심의 안전대책, 안전활동으로는 현장에서 발생하는 사고를 막을 수 없다.

국내 산업 현장의 작업은 조선족, 중국 교포, 동남아국가 출신자, 한국 근로자의 거친 작업 환경에서 이루어진다. 경제 효율성을 최우선하는 '빨리빨리' 작업 문화가 있다. 본 공사를 추진하기 위한 가설 공사는 정식 공사로 취급하지 않는 잘못된 풍토가 있다. 그래서 건설 현장에 가설 공사 도면이 없는 경우가 많다. 현장 관계자는 가설 공사 시방서, 안전규정, 안전 및 작업 기준에 관심이 없고 무지하다.

사고의 위험 패턴과 현장의 작업 특성을 모르고 수립한 안전대책은 현장에서 작동하지 않는다. 국내 산재사고가 감소하지 않는 이유는 현장성이 부족한 안전대책과 안전활동에 있다. 작업 환경 특성, 사고 사례 패턴을 감안하지 않고 기본과 본질을 무시한 안전대책은 소용이 없다. 사고 사례와 현장 상황에 귀를 기울여야 한다. 사고의 책임을 묻고 처벌하기 위한 안전대책과 책임을 면하려고 하는 안전활동으로는 사고를 막을 수 없다. 사고는 다시 발생한다. 보여주기 위한 목적의 안전활동은 멈추고 사고를 막기 위한 안전활동을 해야 한다.

일본, 독일, 영국 등 안전선진국은 현장 작동성 있는 안전대책, 안전활동으로 산재 사망사고가 꾸준히, 대폭 감소했다. 그들만의 작업 특성에 맞는 안전대책을 선정하고 수정과 보완을 통해 꾸준히 안전활동을 추진한 것이다.

나는 고용노동부 요청으로 고용노동부 주관의 '건설업 추락재해 근절을 위한 사고 예방 대책회의'에 참석했다. 동일한 목적의 국토교통부의 회의에도 참석했다. 어느 여름날, 국토교통부에서 전화가 걸려왔다. '건설 현장 안전강화 대책 마련 TF 킥오프 회의'의 참석을 요청받았다. '건설업 사망사고 방지'를 위한 동일한 목적의 양 부처가 개최한 회의에 동시에 참석하면서 나는 자연스럽게 양 부처의 역할을 생각하게 되었다.

고용노동부와 국토교통부의 사고 방지를 위한 방향은 확연한 차이가 있다. 각 부처에서 추구하는 목적이 다르므로 안전정책 방향이 상이한 것은 당연하다. 고용노동부는 근로자 생명 보호가 목적이므로 '안전기관 및 안전관계자', '추락재해' 등 참석 대상과 회의 목적이 구체적이다. 건설교통부는 근로자 생명을 포함한 구조물 및 주변 환경 등의 안전이 목적이므로 '건설업 각 기관별 관계자', '안전강화' 등 그 대상과 내용이 포괄적일 수밖에 없다. 다만, 양 부처 회의의 목적인 '건설 현장의 사망사고 반으로 줄이기'는 동일하다. 양 부처의 안전정책이 실현되는 장소도 건설 현장으로 동일하다. 그러한 이유로 양 부처 안전대책 회의는 함께 추진했으면 하는 생각을 해본다. 양 부처에서 회의를 별도로 추진하면 같은 목적의 회의임에도 각각 다른 내용이 다루어지고 건설 현장에 적용할 내용 또한 상이할 수 있다. 양 부처의 안전정책을 적용하게 되는 건설 현장은 혼선이 있을 수 있다. 품질과 구조물 및 공사 중심의 건설교통부와 근로자의 생명이 관계된 작업이 중심인 고용노동부 등 양 부처에서 서로 역할 분담에 의한 회의를 추진한다면 절차는 다소 번거로울 수 있지만 통일성과 효율성 등의 효과를 얻을 것이다.

고용노동부에서는 작업공간, 작업통로와 관련된 근로자 중심의 내용이 다루어져야 한다. 국토교통부는 실적공사비를 정해 최소 공사비를 보장하고, 재하청 방지 및 최저 입찰제 보완, 공사종류·규모별 최소 공사 기간 지정으로 무리한 공기 단축 방지, 발주 및 공사계약 시 가설 공사 도면 확정, 공사 중 가설 공사 전담 감리·감독 강화 등 공사제도와 공법 중심의 근본적이며 포괄적인 안전대책에 대해 고민해야 한다.

사고 방지를 위한 양 부처 회의 현황

- 고용노동부 주관 회의
  - 목적 : 건설업 추락재해 근절을 위한 사고 예방 대책 회의
  - 참석자 : 고용노동부, 건설안전임원협의회, 재해예방 전문지도기관 대표자 협의회, 건설안전학회, 대학교, 안전보건공단
- 국토교통부 주관 회의
  - 목적 : 건설현장 안전강화 대책 마련 TF 킥오프 회의
  - 참석자 : 국토교통부, 건설협회, 전문건설협회, 기술관리협회, 건축사협회, 가설협회, 건설안전협회, 대학교, 민주노총, 한국노총, 안전보건공단

양 부처의 안전대책은 반드시 건설 현장의 환경과 특성을 토대로 이루어져야 한다. 나는 양 부처의 회의에서 건설업 사망사고 방지대책을 발표하면서 '안전정책은 현장 적용성이 생명이다'라고 강조했다. 구체적인 내용은 다음과 같다.

— 안전활동은 현장 적용성이 생명이다.
— 안전대책은 현장과 사고를 기초해 수립되어야 한다.
— 사고 현장을 직접 보고, 듣고, 경험한 것을 토대로 안전대책을 수립할 수 있어야 한다.
— 의사의 처방은 환자의 진찰을 토대로 해야 하듯이 안전대책은 사고 사례와 현장에 대한 분석을 토대로 결정해야 한다.

이천 화재사고 같은 대형사고는 매스컴의 집중보도와 사회적 관심을 받지만, 산재 사망사고 대부분은 1명씩 발생함에 따라 매스컴과 사회의 무관심 속에 묻혀서 지속적으로 발생된다. 동일한 산재 사망사고가 반복되는 이유다. 현장에서 작동할 수 있는 실효성 있는 핵심 안전활동이 절실하다. 건설 현장에서 용접에 의한 화재와 폭발 위험을 예로 들자면 다음과 같이 작업별, 사고 사례별 핵심 위험, 핵심 대책에 집중해야 한다.

① 작업 종류별 핵심 위험→용접 불티에 인접한 단열재(유증기·페인트·신나 등)
② 핵심 대책→용접 불티 비산방지포 설치, 가연성 물질·가스 제거
③ 작업 중 안전조치 확인→관리자 배치로 안전조치 이행 확인
- 용접 불티 비산방지포 설치, 가연성 물질·가스 제거
- 우레탄 작업 시 충분한 환기
- 우레탄 작업장 주변 화기엄금(용접, 흡연, 라이터 등 통제)

안전용어는 쉽고, 명확·간단하게!

안전정보는 전달력이 생명이다. 1990년대 초 우리나라에서는 안전벨트를 착용하는 운전자를 찾아보기 힘들었다. 오랫동안 만연한 안전벨트 미착용의 관행을 바로잡으려는 단속이 실시되었다. '안전벨트 미착용 적발 시 과태료 2만 원 부과'가 그것이다. 시행 1년 만에 대부분

운전자는 안전벨트를 착용했다. 30년이 지난 지금까지 안전벨트 착용은 잘 정착되었다. '안전벨트 미착용은 과태료 2만 원'이라는 쉽고 짧고 강한 메시지가 '안전벨트 착용' 정착의 일등공신이다.

용어는 전달력이 생명이다. 특히 생명을 위협하는 산업 현장에서 안전정보, 위험 정보 등은 작업자의 생명을 살리기도 하고 죽이기도 한다. 안전용어는 일반인도 이해할 수 있도록 쉽고 명확해야 한다. 정철 스님은 '산은 산이요, 물은 물이다'라고 표현했다. 쉽고 간단하고 명확하지 않은가? 듣는 사람 눈높이에 맞춰 용어를 선택해야 한다. 중요한 정보라도 듣는 사람이 잘못 듣거나 이해하지 못하면 소용이 없다.

산업 현장에서 위험 정보는 삶과 죽음을 결정하는 용어다. 건설 현장 등 산업 현장은 위험 기계·기구, 위험물질, 중장비 사용 등을 이용한 작업들이 서로 뒤섞여 진행된다. 이러한 환경에서 작업자는 충돌, 협착, 추락, 폭발, 붕괴 등 많은 위험에 노출된다. 모든 사고는 위험에 대한 무지로 발생한다. 바꾸어 말하면 위험을 알기만 하면 사고를 당하지 않는다는 말이다. 위험은 위험 정보를 통해 전달된다. 기계·기구, 장비, 위험물질 등을 이용하고 사용할 때 작업자가 알아야 할 작업별 위험 정보가 있고 지켜야 할 안전수칙 등 안전정보가 있다.

현장소장 등 작업관리자는 작업자에게 위험 정보, 안전정보 등 핵심 정보를 정확히 전달해야 한다. 올바른 위험 정보는 사람을 살리지만 잘못된 위험 정보는 사람을 죽게 할 수 있다. 위험 정보가 불분명하면 작업자가 사고를 당하게 된다. 산업 현장에서 위험 정보가 중요한 이유다. 위험 정보, 안전정보 등 작업별 핵심 정보는 사고 위험을 막을 수 있는 가장 중요한 핵심 내용이어야 하고 작업자가 빨리, 쉽게 이해할 수 있어야 한다. 위험 정보는 전달력이 생명이다. 따라서 위험 정보는 쉽고, 간단하고, 명확해야 한다.

안전보건공단에서는 사망사고 등 중대재해에서 나타난 위험 정보를 홈페이지의 '재해 사례'를 통해 공개하고 있다. 안전보건공단의 재해 사례 속보는 사업장의 사고 방지 역할이 크다. 이 재해 사례를 작업장에서 활용해야 사고를 막을 수 있다. 사업장에서는 작업별 위험 정보를 검색해 작업자에게 제공해야 한다. 작업자는 작업 전에 위험 정보를 확인하고 안전정보 활용으로 위험에 대비해야 한다.

안전보건공단은 일터에서 사고로부터 근로자의 생명을 보호하는 안전보건전문기관이다. 지난 30년간 산재 예방 역할이 결코 작지 않다. 안전보건공단의 역할 중 가장 중요한 것은 위험 정보 제공이다. 공단의 위험 정보 중 핵심은 사망사고 등 중대재해 사례의 속보다. 사업장에서의 중대재해 사례를 통해 현재 일터에서 발생하고 있는 위험의 종류와 패턴을 파악해 사고를 막을 수 있기 때문이다.

안전보건공단에서는 중대재해 사례에서 의미 있는 위험 정보를 도출해 사업장에 실시간으로 제공하는 데 필요한 조치에 더욱 노력해야 하고, 사업장에서는 안전보건공단의 중대재해 사례에서 알려주는 위험 정보를 결코 놓치지 말아야 한다.

안전보건공단에서는 사고 사례 제공 업무를 꾸준히 개선해서 세계 최고 안전보건전문기관이 될 것을 기대한다. 사고 사례를 통해 작업별 핵심 위험 정보를 명확하게 전달할 수 있어야 한다. 핵심 정보 중심으로 가능한 짧게, 쉽게, 명확하게, 구체적으로 작성해야 한다. 다음과 같이 표현 방식을 변화하면 작업자와 공사 수행자가 안전정보와 위험정보를 보다 더 쉽게 얻을 수 있다.

사고 사례

구분	현재	표현 방식 변경
제목	시스템동바리에서 거푸집 고정 작업 중 균형을 잃고 추락해 사망	시스템동바리의 수평재에서 형틀[6] 작업 중 추락해 사망
사고경위	2018년 7월 17일(화) 14시 10분경 ○○시 소재, ○○건설(주) ○○아파트 건설 공사 현장에서 협력 업체 소속 형틀공인 재해자(남, 만 66세)가 시스템동바리 수평재에서 벽체 유로폼[7]에 플랫타이(Flat tie)와 웨지핀(Wedge pin)을 고정하는 작업을 하던 중, 지상 바닥(H≒2.0m)으로 추락해 사망	2018년 7월 17일(화) ○○시 소재 ○○건설 현장에서 재해자(남, 66세)가 시스템동바리 수평재에서 벽체 유로폼을 고정 중 2m 아래 바닥으로 추락해 사망
대책	○ 추락할 위험이 있는 장소에서의 철저한 추락방지 조치 — 근로자가 추락할 위험이 있는 장소에서 작업 시 비계를 조립하는 등의 방법으로 작업발판 설치하기 — 작업발판을 설치하기 곤란한 경우에는 안전방망 설치하기 ○ 관리감독자 유해·위험 방지 업무를 철저히 하기 — 거푸집 동바리의 고정·조립 또는 해체 작업 시 작업자가 높은 위치에서의 이동 등 불안전한 행동을 할 수 있는 경우, 관리감독자가 현장 순찰 등을 통해 안전하게 작업할 수 있도록 작업 방법을 결정하고, 작업을 지휘해야 하며, 작업 중 작업자의 안전대 및 안전모 등의 개인보호구 착용 상황을 관리·감독하기	○ 작업발판 설치 — 높은 장소에서 작업 시 작업발판 설치 ※ 작업발판 설치 기준 • 최소폭 40cm 이상 • 2개소 이상 고정 • 발판 단부 안전난간 설치 (충격 하중 100kg 이상) ○ 안전조치 확인 — 관리자를 배치해 작업 전, 작업 중에 작업발판 설치 등 안전 조치 확인

출처 : 안전보건공단 건설 재해 사례 각색

---

6. 콘크리트를 부어 넣어 굳히는 틀

7. Euroform. 형틀을 구성하는 재료의 한 종류

일터의 삶과 죽음을 결정하는 위험 정보의 정확한 전달의 중요성은 아무리 강조해도 지나치지 않다. 다음과 같이 재해 사례 표현 방식을 지속적으로 개선해야 한다.

- 위험 정보, 안전정보 등 핵심 정보 중심으로
- 최대한 짧게, 명확하게
- 대책은 핵심 안전정보 중심으로 1~2개 이내
- 분명하고 명확한 용어를 사용해서
- 최대한 간단명료하게
- '추락 방지'보다 '작업발판 설치' 등 직접적, 구체적으로
- 전문용어를 가능한 일반용어로

없는 일을 만들어서 한다는 말이 있다. 쉬운 일도 어렵게 하는 이론 전문가가 있고, 어려운 일도 쉽게 처리하는 현장 전문가가 있다. 산업 현장에는 많은 작업이 한 장소에서 뒤섞여서 작업할 때 여러 종류의 위험이 숨어 있다. 그 위험은 겉으로 드러나지 않는다. 안전전문가는 잘 보이지 않는 위험을 끄집어내어 일반 작업관계자가 쉽게 알 수 있게 하는 역할을 할 수 있어야 한다. 위험을 볼 수 있다면 사고는 막을 수 있기 때문이다. 위험 정보는 전달력이 생명이다.

무지가 사고를 부른다

"기회는 노크하지 않는다.
그것은 당신이 밀어 넘어뜨릴 때 모습을 드러낸다."

- 카일 챈들러(Kyle Chandler), 미국 영화배우 -

위험을 모른다 → 사고를 당한다

오늘도 근로자가 사고로 죽었다. 2016년 6월, ○○시 한 사옥 신축 현장에서 작업자가 유해 가스 중독에 의한 추락으로 사망했다. 작업자는 지하 5층 정화조에서 방수 작업을 하다가 지하 4층 정화조 관리실에서 이동 중 바닥 개구부로 추락했다. 정화조 방수 작업 시 발생하는 유해 가스에 중독된 상태[8]에서 몸의 중심을 잃고 개구부로 추락한 것이다. 사고 원인은 다음의 두 가지다.

---

8. 유해 가스(톨루엔)에 의한 중추신경계 억제 증상이 나타난 상태

① 바닥 개구부에 안전덮개 미설치
② 유해 가스 방지 조치 불량
　－ 환기 불량, 불량 마스크 착용(방독마스크 필터 기능 상실), 유해 가스 측정 불량

내가 근무한 기관의 건설사고 발생량과 건설 안전사업 물량은 전국 1위다. 국회에서 국정감사 시 건설업 사고 방지 특별대책을 주문할 정도로 산재사고로 주목을 받은 지역이다. ○○시 건설업 안전대책 수립 및 발표, ○○시 감사관 대상 건설 현장 안전감사요령에 대한 안전교육 등 촉박한 일정 소화 중에 ○○빌딩 공사장에서 사망사고 소식이 들려왔다. 작업자가 정화조 방수 작업 중 유해 가스 중독과 함께 추락으로 사망했다. 급히 직원과 함께 사고 현장에 달려갔다.

사고 현장 입구부터 사고를 막기 위한 안전조치는 아무것도 없었다. 이런 작업 환경에서 사고가 발생하지 않으면 그게 오히려 비정상일 정도다. 작업장 곳곳이 함정이다. 바닥의 개구부는 다 열려 있고, 작업자가 안전하게 다닐 수 있는 통로는 어디에도 없었다. 작업공간은 협소했다. 작업장 바닥에 가설 전선, 로프, 공구 등이 어지럽게 널려 있었다. 이동하는 작업자는 바닥에 방치된 로프 등에 걸려 넘어질 수밖에 없다. 작업자가 아무리 정신을 차리려고 해도 몸은 따라가지 못할 것이다. 작업자가 바닥의 로프에 걸려 바닥 개구부 방향으로 넘어지면 추락이다. 추락하면 머리가 바닥으로 향해 바닥과 머리가 먼저 충돌하게 된다. 그러면 엄청난 충격이 작업자의 머리를 강타해 사망할 수밖에 없다. 사고는 이렇게 발생했을 것이다. 사고 장소 입구로 들어가면서부터 이러한

추측이 자연스럽게 나온다.

　작업자들은 이런 작업 환경에 익숙해 새삼스럽지 않았을 것이다. 위험 환경에 적응되면 위험을 느끼지 못한다. 위험을 느끼게 되어도 작업자로서는 어쩔 수 없었을 것이다. 오늘 맡겨진 작업을 해야 하는 작업자로서 작업 환경을 안전하게 개선하기는 현실적으로 어렵다. 사고 작업자는 방수공이었다. 작업자가 할 수 있고 해야 하는 것은 방수 작업이었다. 그날 해야 할 방수 작업 물량이 있기에 추락사고를 막기 위해 바닥 개구부에 설치할 안전덮개 자재 준비와 설치 시간은 없다. 지시받은 방수 작업을 해야 그날 일당을 받을 수 있다.

　안전시설 등 사고 방지 조치는 현장소장 등 현장 관리자의 의지가 있어야 가능하다. 현장소장 또한 촉박한 공사 기간, 부족한 공사비, 발주처, 건설사 본사 지시사항, 주변 민원 해결 등 빡빡한 현장업무로 어려움이 많았을 것이다. 하지만 사람의 생명을 위험에 방치하는 것은 어떤 이유로도 그 책임을 면할 수 없다. 다만 그들은 위험을 어느 정도 알고 있었으나 설마 사고가 발생할 줄은 몰랐을 것이다. 현장소장 또한 사고 경험이 별반 없었을 테니까 말이다.

　사고 피해자가 착용했던 방독마스크를 산업안전보건연구원에서 분석한 결과 유해 가스를 걸러주는 필터의 기능을 이미 상실한 것으로 분석되었다. 사고 현장과 같은 조건의 밀폐공간에서는 방독마스크 필터의 유효시간은 약 3~5시간 정도라고 한다. 사고 피해자는 사고 장소에서 사고 전까지 이틀 동안 방수 작업 중으로 필터의 유효시간을 초과해 사용 중이었다. 유해 가스 제거 기능을 이미 상실한 방독마스크를 착용한 것이다.

　동료 작업자를 대상으로 진술을 듣는 과정에서 문제가 발생했다. 동료 작업자가 유해 가스에 이미 중독되어 작업과 휴식 등 사고 당시 상황을 제대로 기억하지 못하는 것이다. 고인이 된 사고 피해자는 추락 당시 이미 유해 가스에 심하게 중독되었음을 추정할 수 있다.

　유해 가스 환기에도 문제가 있었다. 사고 장소는 지하 4~5층이다. 유해 가스는 지하 5층 정화조에서 발생했고, 지하 4층에서 대형선풍기를 설치해 환기구 방향으로 바람이 불게 했다. 현장 관리자는 환기가 잘됐으리라 생각했으나 이는 착각이다.

　유해 가스는 현장 관리자가 바라는 것처럼 지하 4층에서 환기구를 통해 지상으로 배출되지 않았다. 선풍기 바람으로 환기구 근처로 흘러간 유해 가스는 지하 4층에서 지상 1층까지 4개 층을 올라가서 외부로 배출되지 못하고 지하 4층 내부로 다시 유입되었다. 외부로 배출되지 않은 유해 가스는 내부에 그대로 쌓였고, 필터 기능을 상실한 방독마스크를 착용한 작업자는 농도 짙은 유해 가스 전부를 흡입할 수밖에 없었다. 유해 가스는 발생 장소부터 지상까지 환기 닥트를 설치하지 않으면 제대로 배출되지 않는다. 환기팬과 환기 닥트를 설치했어야 했다.

　사고 현장 관계자 모두는 잘못된 유해 가스 배출 방법, 기능 상실한 방독마스크에 대해 아는 것이 전혀 없었다. 현장소장을 비롯한 감리자, 방수업체 책임자, 작업자 등 누구도 유해 가스 발생 작업 시의 기본 안전수칙을 모르고 있었다. 눈을 뜨고 있으나 실제로는 장님이다. 지하층과 같은 밀폐 공간에서 유해 가스가 발생하는 방수 작업에 대한 방법을 제대로 알고 있는 공사소장 등 공사 관계자는 거의 없다.

나는 안전계획서 심사 등 안전업무를 통해 현장소장을 비롯한 현장 관리자의 안전지식 수준을 자연스럽게 알게 되었다. 건설 현장의 소장 등 현장 관리자는 대부분 방수 작업 뿐 아니라 거푸집동바리, 비계, 흙막이 등 가설 공사에 대한 작업 방법, 작업 순서 등에 대한 관심과 지식이 별로 없다. 현장 관리자는 가설 공사 시방서, 산업안전보건법 등 작업 관련 내용을 잘 모르는 상태로 작업을 한다. 그래서 사고가 다발하는 것이다. 이번에 발생한 사고의 주범도 역시 무지다. 다음과 같이 작업에 필요한 규정과 작업 위험을 몰랐기 때문이다.

- 위험 1. 유해 가스 흡입은 중독 사망
      2. 바닥 개구부 방치는 추락 사망
- 규정 1-① 충분한 환기 : 환기 닥트 설치
      1-② 유해 가스 농도 측정
      1-③ 개인 보호구(방독마스크 등) 착용 : 방독마스크 필터 확인
      2. 바닥 개구부에 안전덮개 설치(2개소 이상 고정)

기본 안전기준을 준수하지 않는 것은 다른 현장도 비슷한 상황이다. 사고가 아직 발생하지 않았을 뿐이다. 사고가 없었다 해서 기준을 무시한 작업을 계속하면 언젠가는 사고를 당하게 될 것이다. 그러므로 첫째, 바닥 개구부는 안전덮개로 덮어야 한다. 정화조 내부 방수 작업을 위해서는 관리실 바닥 개구부를 통해 정화조로 내려가야 한다. 관리실 바닥에는 여러 개의 바닥개구부가 있다. 추락사고 위험이 있다는 뜻이다. 방수 작업 중인 바닥 개구부를 제외한 모든 바닥 개구부는 안전덮

개로 덮어야 한다. 방수 작업 중인 바닥 개구부에는 안전기준을 준수해 사다리를 설치해야 한다. 바닥에 방치된 가설 전선, 로프, 재료·공구 등은 작업자의 통행을 방해하고 전도, 추락사고의 원인이 된다. 일정한 장소로 이동해 정돈해야 한다.

※ 사다리 설치 기준
- 사다리 상부와 하부 고정(미끄럼 방지)
- 상부 내민 길이 약 1m(손잡이)
- 견고한 재료
- 동일한 단 간격

둘째, 개인보호구는 사용 방법·기준을 확인해야 한다. 작업 중 발생하는 유해 가스에 적합한 개인보호구를 착용하고, 개인보호구 사용 방법을 충분히 숙지하고 안전하게 착용해야 한다. 사고자가 착용했던 방독마스크의 필터는 너무 많이 사용해 이미 파과[9]되어 유해 가스 제거 기능을 상실했다. 작업 전에 작업 장소의 유해가스 농도와 보호구 사용 시간에 따른 정화통의 수명을 확인하는 등 필터 사용 방법을 확인하고 정화통을 교체해야 했다. 방독마스크 등 개인보호구 사용 기준을 확인해야 한다. 사고 현장 관계자 모두는 방독마스크 사용 방법을 몰랐다. 유해 가스 발생 작업 시 방독마스크와 더불어 공기호흡기[10], 송기마스

---

9. 정화통 내의 정화제에 의해 흡인공기 중 유해 물질이 흡수 제거된 후, 정화제의 제독 능력이 떨어져 정화통의 배기 공기에서의 유해 물질 농도가 최대허용 한도를 넘게 되는 현상
10. 유해 물질이 섞이지 않는 공기를 용기에 채워서 위험장소에 휴대해 호흡하려고 하는 호흡보호구

크[11]를 사용할 수 있다.

  셋째, 유해 가스는 지상 외부까지 배출해야 한다. 배기 및 급기 덕트와 팬을 설치해 지하 5층에서 발생한 유해 가스를 지상까지 끌어올려 외부로 배출해야 한다. 사고 현장은 지하 4~5층에서 대형 선풍기로 배출된 유해 가스는 지상까지 배출되지 못하고 사고 발생 장소인 지하 4~5층으로 재유입되었다.

  넷째, 작업 전에 유해 가스 농도를 측정해야 한다. 작업 전 또는 휴식 후 작업 재개 전에 작업 장소의 유해 가스 농도 및 산소 농도를 측정해야 한다. 유해 가스가 제대로 배출되었는지 측정기로 측정해야 하나 사고 현장은 유해 가스 농도를 제대로 측정하지 않았고, 유해 가스 농도가 짙은 작업장에서 작업을 했다.

  작업 전에 '위험', '작업 기준'을 확인하라! 사고로부터의 자유를 얻을 것이다.

---

11. 유해 물질 또는 산소결핍 공기를 흡입함으로써 발생할 수 있는 건강장해 예방을 위해 사용하는 적합한 공기를 공급하는 형식의 마스크

위험을 보지 못한다

"네 자신의 무지를 절대 과소평가하지 마라."

– 아인슈타인(Albert Einstein), 물리학자 –

    2015년 한 도로 건설 현장에서 작업자가 실명하는 사고가 발생했다. 형틀을 해체하는 과정에서 유로폼의 핀이 작업자의 눈으로 튀었다. 유로폼의 핀을 아래에서 위 방향으로 쳐서 제거할 때 핀이 작업자의 눈으로 튀었고, 즉시 실명했다. 사고의 원인은 작업 방법 불량, 보안면 미착용이다.

유로폼

유로폼의 핀

재해자는 직장 생활을 하다가 실직한 가장으로 생계가 막막해지자 인력 시장을 통해 사고 현장에 투입되었다. 난생처음 건설 현장의 작업을 경험한 날에 사고를 당했다. 사고 결과는 시각 장애인이다. 이제부터 한쪽 눈을 보지 못하는 시각 장애인으로 평생 살아야 한다. 위험을 모르니 사고를 당할 수밖에 없었다. 해체 작업 시 재료가 튀지 않도록 작업 순서와 방법을 작업 전에 정해 작업하고, 필요 시 보안면을 착용했어야 했다. 위험을 보지 못한 결과는 시각 장애인이다.

1980년 여름 나는 대학 방학 중 건설 현장에서 아르바이트를 했다. 막노동, 일명 잡부다. 철근 인력운반, 형틀 해체, 거푸집 박리제 칠하기, 대못 펴기, 땅파기, 청소 등 사람들이 하기 싫어하는 일만 했다. 힘들고, 위험하고, 더러운 일이었다. 3D 업종[12] 중에서도 3D 작업이었다. 어느 날 작업반장의 지시로 나는 혼자서 배척[13]을 이용해 지하실의 형틀 해체 작업을 했다. 운동화를 신은 발에서 우지끈하는 느낌이 왔다. 오른발로 녹슨 대못을 밟았다. 나는 병원에 가지 않고 선배 작업자가 알려준 방법으로 치료했다. 발바닥의 녹슨 못이 박혔던 홈에 성냥황을 잔뜩 채우고 불을 지르는 원시적 방법이다. 발바닥이 엄청 뜨거웠지만, 다행히 치료되었다. 녹슨 못에 찔린 발을 병원 치료를 하지 않았지만, 파상풍에 걸리지 않았다. 그야말로 황당한 치료법이었으나 완치

---

[12] 힘들고(Difficult), 더럽고(Dirty), 위험한(Dangerous)의 머리글자인 D자를 따서 만든 용어로 주로 건축업·광업 등을 말한다.

[13] 흔히 일본식 표현인 '빠루'라고 한다. 일명 '쇠지레', '노루발장도리'라고도 한다. 못을 뽑거나, 물건의 지렛대 역할을 하는 도구다.

되었다.

 이 사고의 경우 형틀을 해체하면서 해체된 자재를 받아 바닥에 정돈하는 작업이므로 2인 이상 작업자가 해야 하나 단독으로 작업을 하다가 사고를 당했다. 건설 현장에서 특히 형틀 해체 작업 시 안전화를 신지 않으면 발을 찔리는 부상을 당한다는 것을 나는 사고를 당한 후에 비로소 알았다. 지금도 산재사고로 연간 약 1,000명이 목숨을 잃고 약 9만 명이 부상을 당한다. 사고자 모두 작업의 '위험'을 사고를 당한 후에 비로소 알게 된다. '위험'은 작업 전에 알아야 한다.

 어느 날은 작업반장이 나에게 삽을 주면서 땅을 파라고 했는데, 변소를 만드는 일이었다. 작업 중 위험에 대한 설명은 없었고, 젊은 혈기의 나는 구덩이를 힘껏 팠다. 한참 뒤 구덩이 위쪽에서 "그만 파고 올라오라"고 소리치는 것을 들었지만, 너무 깊게 파서 나는 스스로 올라오지 못했다. 위에서 내려준 밧줄을 잡고 겨우 올라왔다. 내가 올라온 후 굴착면 상부가 일부 붕괴했다. 내가 올라오기 전에 토사가 붕괴했다면 토사에 매몰되어 큰 불행을 당했을 것이고, 현재의 나는 없을 것이다. 생각만으로도 아찔하다. 나는 작업 전에 위험을 볼 수 없었다. 위에서 보니 깊이는 약 2.5m이었고, 굴착 사면은 수직이었다. 그 후 나는 대학 졸업 후, 인테리어 사무소, 건축설계 사무소, 건설 회사를 거쳐 안전보건공단에 입사해 건설업 사망사고 조사업무를 수행하는 과정에서 '토사 붕괴사고의 주원인은 급경사 굴착이며 결과는 토사 붕괴 매몰 사망'이라는 사실을 알았다.

 작업 전에는 작업의 '위험'을 확인해야 한다. 앞은 보지 못하는 장님이 아무 대책 없이 연못에 가면 연못에 빠질 수밖에 없다. 작업 시 크고 작은 위험은 항상 있다. 사고를 당하지 않으려면 작업 전에 위험을 보고 대비해야 한다. 위험은 아는 만큼 보인다. 앞서 말했듯이 안전보건공단 홈페이지 '재해 사례'에서 그 위험은 찾을 수 있다. 현장 관리자는 작업 전에 작업자에게 작업의 위험 정보를 제공해야 하고, 작업자는 작업 전에 작업의 위험 정보를 확인한 후에 작업을 수행해야 한다. 위험 정보를 확인한 작업자는 사고 위험을 대비할 수 있다.

또한 작업 경력자를 작업별 전문안전교육 강사로 활용할 필요가 있다. 산업 현장에는 많은 종류의 작업이 있고, 작업 종류별 위험은 각기 다르다. 작업 전에 작업자에게 작업의 위험 정보와 안전작업 기준에 대한 안전교육을 해야 하지만 현실은 그렇지 못하다. 안전교육은 통상 현장 관리자가 실시한다. 그러나 현장 관리자는 현장 전체를 관리하는 역할을 할 뿐 각 작업별 작업 특성, 작업 방법, 작업 순서 등 세부 사항은 전문 숙련공보다 모른다. 현장 관리자가 실시하는 안전교육은 일반적인 위험과 전 작업의 공통적인 안전이 대부분이다. 교육 내용에 작업별 핵심 위험과 맞춤형 안전대책이 있어야 하나 현장 관리자의 안전교육은 다소 현장감이 부족할 수 있다. 이래서는 사고를 막을 수 없다.

작업별 안전교육은 그 작업 경험이 많은 전문 경력 작업자가 하는 것이 효과적일 수 있다. 10년 이상 경력자가 작업별 안전교육을 수행하게 하는 방안을 검토해야 한다. 작업별 10년 이상 경력자 중에 선별을 통해 전문기관에 강사교육을 이수하게 해 부족한 안전규정, 안전기준 등 안전지식을 습득하는 등 능력을 배양하면 작업별 안전교육을 할 수 있다. 전문작업별 강사 제도를 운영하면 강사와 작업자 모두 안전의식과 안전지식 향상으로 안전확보는 물론 작업 환경과 품질도 더불어 향상될 것이다. 모든 작업은 '위험'이 따른다. 그러므로 위험은 작업 전에 대비해야 한다.

사고는 비정상에서 발생한다

2014년 7월 경기도 ○○시 지하주차장의 환기구 덮개가 붕괴해 16명이 죽고 11명이 중경상을 당하는 사고가 발생했다. 축제의 공연을 보러 많은 사람이 몰렸고, 다수의 관람객이 관람하기 좋은 위치를 찾아 환기구 덮개 위로 올라갔다. 환기구 덮개가 중량을 이기지 못하고 붕괴되면서 덮개 위 사람들이 약 18m 아래 지하층으로 추락해 사고를 당했다. 이 사고의 원인은 '비정상적 환경과 행동'이다. 구체적으로는 ① 올라가면 안 되는 환기구 덮개에 많은 사람이 올라간 것(관람자) ② '환기구 덮개 위 진입 금지' 경고 표지를 미부착하고, 통제인을 배치하지 않은 것(행사 관리자·주최자) ③ 환기구 덮개를 약하게 시공한 것(공사관계자)이 그 원인이다.

당신도 공연장에 있었다고 가정해보자. 공연장에 늦게 도착했다. 많은 사람이 당신보다 먼저 도착해서 자리를 잡았다. 관람이 가능한 자리는 없다. 먼발치에서 관람할 수밖에 없는데 잘 안 보인다. 환기구 위는 바닥보다 약 1m 이상 높아서 그 위로 올라서면 좀 더 잘 볼 수 있을 것 같다. 이미 많은 사람들이 환기구 덮개 위로 올라가 있다. 환기구 덮개 붕괴사고 사례를 들은 적도 없다. 환기구 덮개는 철재로 만들어져 튼튼해 보인다. 환기구 덮개가 붕괴할 수 있다고 예상하기 쉽지 않다. 자, 이제 당신이 결정해야 한다. 당신도 공연을 잘 보려고 환기구 덮개 위로 올라갔을까? 여기가 생과 사의 갈림길이다. 당신에게도 충분히 일어날 수 있는 일이다.

　살다보면 이와 같은 상황을 얼마든지 만날 수 있다. 인생은 선택의 연속이다. 우리는 그중 하나를 선택해 결정해야 한다. 우리는 어떤 기준으로 선택해야 하는가? 사고를 예측하는 것은 어렵다. 시설물이 얼마나 견고한지 판단하는 것은 더욱 어렵다. 환기구 덮개를 부실시공했는지 아닌지 알 수 없지 않는가? 적색등 신호를 무시하고 길을 건넌다고 반드시 사고가 발생하는 것도 아니다. 그런데도 적색등에 멈추는 것은 그렇게 하기로 안전법규로 정했기 때문이다. 적색등에 멈추는 것이 정상적 행동이고, 상식이기 때문이다.

　환기구 덮개 위로 사람들이 올라갔다고 해서 반드시 환기구 덮개가 붕괴하는 것은 아니다. 그런데도 환기구 위로 올라가지 말아야 하는 이유는 환기구 덮개 위로 올라가는 것은 비정상적인 행동이기 때문이다. 환기구 덮개를 바닥에서 약 1m 이상 높게 건설한 것을 보면 사람들이 올라가면 안 되는 장소라는 것을 알 수 있었을 것이다. 이를 무시하고 올라간 것은 비정상적인 행동이다.

　설계자는 사람이 오르지 못하는 구조로 설계하거나 약 1m 정도의 높이라면 필요에 따라서 사람이 올라갈 가능성을 예상하고 더욱 견고한 덮개로 설계했으면 좋았을 것이다. 사고의 근본 책임은 시공자, 행사 관리자 등에 있는 듯하다. 시공자는 도면을 준수하지 않는 등 일부 부실시공한 것으로 보도되었다. 행사 관리자는 사전에 안전점검으로 위험을 확인했어야 했다. 야외공연 시 불특정 다수가 한꺼번에 몰릴 때 돌발변수와 야외 시설물의 불안전한 상태에 대해 접근 통제를 위한 경고표지 부착 및 감시인을 배치했어야 했다.

- 설계자 : 환기구 덮개 위에 진입이 불가능한 구조로 설계
- 시공자 : 도면과 규정대로 시공
- 감리자 : 시공자가 도면과 규정대로 시공했는지 확인
- 공연 주최자 : 관람자가 환기구 덮개 위로 올라가지 못하도록 안전펜스·안전표지를 부착하고, 안전요원을 배치
- 관람자 : 환기구 덮개 위로 진입 금지

현대사회는 생활이 편리한 만큼 위험도 많아지고, 그 강도도 점차 높아진다. 누구나 사고를 당할 수 있다. 누구나 분당 환기구 붕괴 사고뿐만 아니라 성수대교 붕괴, 삼풍백화점 붕괴, 대구지하철 화재, 세월호 사고 등과 같은 상황을 만날 수 있다. 수많은 사람이 죽고, 다치며 시설물을 파괴하는 대형사고도 아주 사소한 비정상적인 행동에서 발생한다. 죽음과 생명의 길은 아주 작은 차이다. 우리가 무심히 행한 작은 비정상적 행동이 커다란 사고를 발생시키고, 그 사고를 당하게 된다. 사고는 한순간에 발생한다. 눈 깜박하면 사고가 발생하는 것이다.

사고 책임을 규명하고 책임자를 처벌하는 것은 필요하지만, 그렇게 했다고 해서 사고로 죽은 사람이 다시 살아나지 않는다. 사고 전 상태로 되돌릴 수 없다. 우리 모두 어떤 상황에서도 사고를 당하지 말아야

한다. 그래서 '정상적인 행동'을 해야 한다. 나 자신부터 정상적인 행동, 작업을 해야 한다. 그리고 주변의 비정상을 찾아서 제거해야 한다.

우리의 삶과 작업에서 비정상이 모이면 사고가 발생한다. 우리가 무심코 하는 비정상을 찾아서 정상적 방향으로 돌려야 한다. 우리 주변의 비정상을 찾자! 그리고 정상적으로 행동하자!

"당신이 무엇인가를 간절히 원할 때,
온 우주는 당신의 소망이 실현되도록 돕는다."

- 파울로 코엘료(Paulo Coelho), 브라질 소설가 -

산업재해로부터 당신을 구하는 10가지 방법

위험 정보를 잡아라

"순간을 지배하는 사람이 인생을 지배한다."
- 그리스토프 에센바흐(Christoph Eschenbach), 독일 지휘자 -

위험 정보로 삶과 죽음이 결정된다

아는 만큼 위험이 보이고, 위험을 볼 수 있는 만큼 사고를 막을 수 있다. 내가 초등학교 학생 시절이었다. 학교는 서울 안암동 로터리 인근이고, 집은 제기동으로 상당한 거리였지만 걸어서 등하교를 했다. 학교를 마치고 집으로 향하는 길에 개천 둑의 전봇대에 많은 사람이 몰렸다. 전봇대 위에서 사람이 죽었다. 전봇대에서 활선 작업[14] 중 감전 사고를 당했다. 어린 초등학생의 눈에 '전기 작업은 사람을 죽게 하는 위험한 작업'이라는 인상을 받았다. 그 후 젖은 손으로 전기기구를 만지지 않는

---

14. 전기 작업을 할 때 전기의 흐름을 차단하지 않고 작업을 실시하는 것. 특별한 경우가 아니라면 전원을 차단하고 실시하는 사선(정전) 작업이 안전하다.

등 안전한 전기 사용에 주의를 하게 되었다. 위험 정보를 얻은 셈이다.

사고는 위험에 대한 무지로 발생한다. 2008년 여름, ○○시의 한 건설 현장을 방문했다. 현장 입구에 작업자들이 웅성웅성 시끄러웠다. 지하 4층 형틀 작업 중 작업자가 추락해 다리가 골절되는 부상을 당했다. 사고자의 고통으로 울부짖는 소리가 현장 입구까지 들렸다. 나는 119에 긴급 신고했다. 사고자의 비명 소리는 119 구급대가 현장에 도착할 때까지 지속되었다. 사고자에게는 엄청난 고통의 시간이었다.

사고가 발생한 지하 4층 형틀 작업장에는 추락 방지시설이 없었다. 추락 방지시설이 없는 형틀 작업은 언제든 추락사고를 당하게 된다. 형틀 소장은 '형틀 작업 시 추락 방지시설은 작업에 지장을 주기 때문에 설치할 수 없다'라며 '지금까지 추락 방지시설이 없어도 사고는 없었다', '사소한 실수로 재수가 없어서 사고가 난 것이다'라고 했다. 이 형틀 소장은 '추락 위험'을 보지 못하는 장님이다. 안전의식은 물론 안전지식도 없다. 추락 방지시설이 없는 작업 환경에 적응되었고, '나에게 사고는 발생하지 않는다'라는 잘못된 맹신이 있다. 사고 목격 등 사고의 경험이 없었기 때문이다. 그러나 누구나 사고를 당할 수 있다는 사실을 명심해야 한다.

나는 형틀 소장 등 작업 관계자에게 '형틀 작업 시 안전줄 설치와 안전대 착용'에 대한 안전작업을 요구했다. 사고를 목격한 작업 관계자는 내 안전작업 요구에 잘 순응하는 눈치였다. 추락사고로 사고자와 동료 작업자는 아픈 경험을 통해 귀중한 위험 정보를 얻었다. 이러한 위험 정보를 얻은 사고 경험자와 목격자는 추락 방지시설을 설치하는 등 안전하게 작업할 것이다.

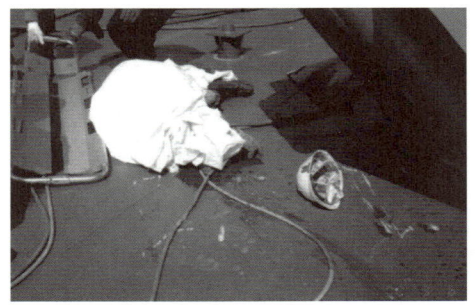

산업 현장 추락 사망사고　　출처:안전보건공단 교육용 자료

　어느 여름날 두 사람이 외출을 했다. 정오에 소나기가 내렸다. 한 사람은 옷이 흠뻑 젖었고, 오후 생활은 엉망이 되었다. 한 사람은 우산을 준비해 비를 피할 수 있었다. 외출 전 간단한 일기예보 확인이 그날의 일정에 영향을 미친다. 날씨 정보를 모르면 비가 오면 비를 맞고, 눈이 오면 눈을 맞을 수밖에 없다. 작업장에서 위험 정보 확인은 날씨 정보 확인보다 더욱 중요하지 않은가? 바로 죽고 사는 문제다. 작업 전에 위험 정보를 확인하지 않으면 사고를 당할 수밖에 없다. 그러나 현실은 대부분의 작업자와 현장 관계자가 '빨리빨리 작업' 환경 속에서 위험 정보를 확인하지 않는다.

　사고자 대부분은 사고를 당하기 전까지 동일한 사고 경험이 없다. 남들이 죽고 다치는 사고를 당해도 '나만큼은 사고를 당하지 않는다'고 생각하는 가운데 무심코 사고를 당하게 된다. '나는 사고를 당하지 않는다'라는 안이한 생각이 사고를 부른다. 위험을 보지 못하고, 안전조치를 하지 않으면 사고는 발생한다. 위험을 볼 수 있어야 안전조치를 하게 된다. 그래서 위험 정보가 필요한 것이다. 위험 정보 없이 작업을 하는 것은 적군에 대한 정보 없이 전쟁에 임하는 것과 같다. 위험 정보가 있는 자와 없는 자의 위험 인지 능력과 위험 대처 능력이 같을 수 없다.

위험 정보는 사고 피해경험, 사고 목격, 사고 사례 간접경험, 안전기준·안전규정 확인 등으로 얻을 수 있지만 사고를 직접 경험해 얻은 위험 정보는 강한 인상으로 남는다. 현장 관계자 대부분은 수십 년의 현장 경험에도 사망사고를 목격한 경험이 매우 적다. 사망사고를 목격한 경험은 대부분 1~2건에 불과하다. 위험 정보가 거의 없다. 산업 현장에서 사망사고를 목격한 경험자는 극히 일부분이다. 사고를 겪거나 사고를 목격해야만 위험 정보를 얻는 것은 아니다. 위험 정보는 사고 사례를 통해 얻을 수 있다.

국내 산업 현장에서 연간 1,000명이 사고로 목숨을 잃는다. 매년 약 1,000건의 사망사고 사례에 의한 위험 정보가 쏟아지는 것이다. 그러나 산업 현장에서 이 귀중한 위험 정보를 제대로 활용하지 못하고 있다. 미국의 세계적 강연가 존 맥스웰(John C. Maxwel)은 "실패는 우리에게 배울 기회를 주지만, 많은 사람들은 그것을 잡지 않는다. 실패에서 배우지 못할 때 실패는 정말 고통스럽다"고 말했다.

그 실패에서 배우기 위해 우리는 첫째, 과거에 발생한 사고 사례를 통해 위험 정보를 잡아야 한다. 산업 현장에는 수많은 종류의 작업이 있다. 그동안 발생한 사망사고 사례는 산업 현장 대부분의 작업에서 발생했다. 장비별, 세부 작업 종류별, 기계·공구별, 근로자 직종별, 작업 장소별, 작업 시기별 등 다양한 사고 사례가 존재한다. 작업자는 작업 전에 해당 작업 관련 위험 정보를 알고 있어야 한다. 현장 관리자는 작업자에게 작업별 위험 정보를 제공해야 한다. 위험 정보는 안전보건공단 홈페이지에서 업종별 재해 사례 검색으로 찾을 수 있다.

둘째, 공단은 보유한 중대재해 사례 전부를 요약 형식으로 공개할 필요가 있다. 안전보건공단은 사고로 사망한 수많은 사고 사례를 보유하고 있다. 30년간 산업 현장에서 사고로 사망한 많은 사례가 있다. 그중에서 산재 사망사고의 중심인 건설업이 가장 많다. 30년간 발생한 재해 사례에는 모든 산업 현장의 각종 위험 정보가 망라되어 있다. 안전보건공단의 재해 사례의 위험 정보는 사고를 막기 위한 귀중한 자료다. 안전보건공단은 재해 사례 중 일부만을 사고 사례 속보 형식으로 홈페이지에서 공개한다. 작업 종류별 사고 사례의 위험 정보를 현장에서 적극 활용한다면 사고를 획기적으로 줄일 수 있다. 모든 사업장에서 현장 관계자와 작업자가 사고 사례를 통해 작업별 위험 정보를 쉽게 얻을 수 있도록 사고 사례 모두를 공개하면 좋을 것이다.

셋째, 작업장에서 수시로 발생하는 위험 정보를 공유해야 한다. 한국은 IT 강국이다. 현장 관계자 대부분은 스마트폰을 보유한다. 작업장 안전관리에 스마트폰을 적극적으로 활용할 필요가 있다. 건설 현장은 많은 작업이 한 장소에서 동시에 이루어진다. 그에 따라 많은 위험이 동시다발적으로 발생하게 된다. 내 작업의 위험 정보만으로 모든 사고를 막을 수 없다. 작업 중 수시로 발생하는 위험을 발견하고, 그 위험을 공유해야 한다. 모든 사업장은 작업장에서 발생하는 위험을 실시간으로 공유해 사고에 효율적으로 대처할 필요가 있다.

사고 사례를 빅데이터화하라

"나무 베는 데 한 시간이 주어진다면,
도끼를 가는 데 45분을 쓰겠다."

− 링컨(Abraham Lincoln), 미국 16대 대통령 −

사고 사례 뱅크 운영

　사고 방지의 답은 위험 정보에 있다. 위험 정보는 사고 사례에 있다. 그러므로 사고 사례를 빅데이터화해야 한다. 사고를 막으려면 위험 정보를 들어야 한다. 위험 정보 없는 안전사업과 안전활동으로는 사고 방지에 한계가 있다. 각종 안전사업은 사고 사례의 위험 정보를 근거해서 추진해야 하고, 사업장에서는 위험 정보를 토대로 안전활동을 해야 한다. 사업장에 위험 정보를 효율적으로 전파하려면 사고 사례를 빅데이터화해야 한다.

위험 정보와 안전정보 전달

　안전보건공단의 중요한 업무 중 하나는 각 사고 사례에서 위험 정보를 도출해 사업장에 제공하는 것이다. 위험 정보는 사업장 안전점검 후 강평[15], 안전계획서 심사, 안전교육 등의 안전사업으로 제공된다. 현재와 같은 위험 정보 제공 방식으로는 위험 정보가 제대로 전파되지 않는다. 예를 들면 사업장 안전점검 후 안전관리 실태와 함께 위험 정보를 현장 관계자에게 전달하기 위해 현장 관계자를 대상으로 강평을 한다. 강평의 핵심 내용은 위험 정보 제공이다. 강평은 현장 관계자가 위험 정보를 듣고 작업자 등에 널리 전파해 각 작업장에서 작업 전에 위험 정보 인지를 통해 자율안전능력 체제를 확립하게 할 목적으로 실시한다.

　위험 정보는 공단 직원의 안전지식과 안전의식에 따라 전달되는 내용에 차이가 있다. 위험 정보를 들은 강평 참석자는 그 위험 정보를 제대로 전파하지 않고 있다. 사업장에서는 안전점검을 받은 것으로 안전 의무를 다했다고 생각하는 경향이 있다. 사업장에서 자율 안전관리 체

---

15. 총괄적으로 분석하고 평가

계가 잘 정착하지 않는 이유다. 또한 사업장에서는 안전활동을 안전서류, 이론 중심으로 실시하는 경향이 많다. 대형 건설사 및 대규모 현장에서 안전전담 인력과 안전예산을 투입함에도 대형사고가 발생하는 이유는 사고 사례의 위험 정보를 보지 않고 안전규정, 안전지침 및 안전매뉴얼을 기준으로 안전활동을 하기 때문이다. 안전규정, 안전지침, 안전매뉴얼은 결국 사고 사례의 위험 정보로부터 만들어진 것임을 알아야 한다. 안전관계자의 사고 사례에 대한 인식 변화가 필요하다.

  사업장에서 정확하고 객관적인 위험 정보를 얻을 수 있고, 필요할 때 위험 정보를 쉽게 찾을 수 있는 시스템을 구축해야 한다. 사고 사례를 빅데이터화해야 한다. 빅데이터화된 사고 사례를 토대로 효율적인 안전사업을 계획할 수 있고, 사업장에서는 필요할 때마다 작업 종류별 사고 사례를 찾아 사고 사례의 위험 정보를 기초로 안전활동을 할 수 있다. 공단에는 수만 건의 방대한 사망사고 사례가 있고, 지금도 하루에 약 4건의 사망사고 사례가 쌓여가고 있다. 그러나 사고를 막을 수 있는 방대한 자료는 있으나 이를 활용할 수 있는 시스템은 다소 미흡한 듯하다. 사고 사례의 위험 정보를 토대로 안전활동을 할 수 있도록 위험 정보를 체계적으로 전파할 수 있는 시스템이 필요하다. 사망사고 사례 모두를 일터의 작업자와 작업 종사자가 쉽게 이용할 수 있도록 분석, 분류하는 작업이 필요하다. 구체적으로는 다음과 같은 작업이 필요하다.

  첫째, 위험 정보 전파의 답은 사망사고 사례를 빅데이터화하는 데 있다. 방대한 중대재해 조사서 전부를 작업자와 현장 관계자가 쉽게 검색할 수 있도록 빅데이터화해야 한다. 작업자 핸드폰으로 그들이 수행하는 작업의 사고 사례를 쉽게 볼 수 있도록 빅데이터화해야 한다. 개별 안전사업을 통해 위험 정보를 전파하는 것은 한계가 있어 보인다. 안전보건공단 홈페이지에서 사고 사례를 빅데이터화해 모든 사업장에 즉시 전파하는 시스템을 갖추어야 한다.

둘째, 사고 사례 빅데이터는 핵심 사고 원인 중심으로 작성해야 한다. 위험 정보와 안전정보를 구성하는 용어는 짧고, 쉽고, 간단하게, 명확해야 전파력이 있다. 핵심 위험 정보 중심, 핵심 사고 원인 중심으로 작성해야 한다. 작업자가 이해할 수 있도록 작업자 눈높이에서 사고 사례를 작성하고, 쉽게 검색할 수 있도록 작성해야 한다.

셋째, 사고 사례를 사고 종류별로 상세히 분류해야 한다. 사고 사례를 작업별, 장비별, 공구별, 발생 형태별, 작업 시기별, 작업 장소별, 직종별, 개인 보호구별, 추락 높이별 등 상세히 분류하는 등 현장 세부 작업 맞춤형 사고 사례(위험 정보)로 분류해야 한다. 작업자별로 맞춤형 사고 사례의 위험 정보를 즉시 얻을 수 있도록 상세 종류별로 분류해야 한다.

넷째, 안전보건공단 홈페이지는 사고 사례 데이터 제공 중심으로 구성해야 한다. 안전사업은 사고 사례 분석, 전파, 활용 중심으로 해야 한다. 공단 홈페이지는 작업별 위험 정보를 쉽게 검색하도록 사고 사례 빅데이터 제공 중심으로 구성해야 한다. 사고는 사고 사례의 위험 정보를 통해 막을 수 있다.

다섯째, 안전사업은 사고 사례 빅데이터에 근거해야 한다. 답은 현장에 있다. 사고 방지의 답은 사고 현장의 사고 사례에 있다. 사고를 막기 위해 실시하는 안전사업의 중심에는 사고 사례의 위험 정보가 있어야 한다. 안전규정, 안전기준, 안전매뉴얼, 안전문헌 등으로 사고를 막는 것은 한계가 있다. 모든 안전사업 추진은 사고 사례 데이터에 근거해야 한다. 결국, 사망사고 감소 달성은 사고 사례 빅데이터 구축과 운영에 달려 있다.

중대재해 정보를 활용하라

"나는 어제보다 더 현명해지지 않은 사람은
대단하게 여기지 않는다."

– 링컨, 미국 16대 대통령 –

사고의 핵심 위험 정보를 잡아라

안전보건공단 ○○○ 지역본부의 대강당에서 '사망사고 방지를 위한 간담회'가 있었다. 카이스트 대학, 안전보건공단, 고용노동부 등의 발표 및 질문과 답변으로 진행되었다. 그중 중대재해 조사서에 대한 내용도 있었다. "중대재해 조사서의 사고 원인이 산업안전보건법 규정 중심이다", "사고 원인을 안전심리, 안전조직, 작업 환경, 원·하청 불평등 계약 등 다방면으로 찾아야 한다"는 의견이 있었다. 나는 "현 재해 조사 사고 조사 업무시스템에서는 사고 원인을 안전규정 틀을 넘어서 다양하게 찾기에는 한계가 있다", "재해 조사 업무시스템을 개선해야 한다"고 제안했다.

모든 사고는 위험 정보를 남긴다. 안전대책은 위험 정보에 근거해 수립해야 한다. 사고를 제대로 감소시키려면 다양한 사고 발생 원인을 찾아야 하고, 사고 사례의 위험 정보를 충분히 활용해야 한다. 30년간 수많은 사망재해가 남긴 귀중한 위험 정보를 적극적으로 활용해야 사고가 반복해서 발생하지 않는다.

사고로 연간 약 1,000건의 중대재해가 남긴 위험 정보가 있다. 이 위험 정보를 잡아야 한다. 산재사고를 막으려고 많은 사업을 수행하고 있다. 안전관리계획서 심사, 안전보건교육, 안전점검 등 많은 안전사업을 추진해서 재해를 막고 사망사고를 감소시켰다. 하지만 아직도 안전선진국과 같이 사망사고가 획기적으로 감소되지 않고 있다. 중대재해의 위험 정보에 집중해야 할 이유다. 중대재해의 근원적 사고 원인을 규명하고, 재해가 남긴 위험 정보를 제대로 활용하기 위한 방안은 다음과 같다.

첫째, 중대재해 사고 원인을 안전규정의 틀을 넘어서 찾아야 한다. 근원적이고 다양하게 사고 원인을 도출해 '핵심 위험 정보'를 찾을 수 있도록 재해 조사 업무시스템을 개선해야 한다. 동종 사고를 막으려면 사고 원인을 다방면으로 찾아야 한다. 안전규정 틀 안의 사고 원인에 의한 위험 정보로 재발하는 사고를 막는 데 한계가 있다. 건설공사는 통상 최저가 공사업자와 계약을 한다. 공사업자는 많은 경쟁자를 물리치고 공사를 수주하기 위해 가장 낮은 금액으로 입찰을 해야 한다. 공사 수주를 위해 최소필요 공사비 이하로 줄이기도 한다. 이를 만회하기 위해 불법 하도급도 한다. 부족한 공사비와 공사 기간을 만회하려고 가설 공사비·노무비·안전관리비 등을 감액하고 작업 기간을 단축하는 등 사고 위험을 무릅써야 한다. 또한 공사를 서두르는 등 무리하게 강행하고, 비계, 거푸집동바리, 흙막이 등 가설 공사 중 일부를 생략하기도 하며 안전관리비를 감액한다. 부족한 공사비와 공사 기간, 발주처의 공기 단축과 설계 변경 등 무리한 요구 등은 사고 발생의 근본 원인이 된다. 사고가 발생하는 원인은 다양하다. 기술적, 관리적, 심리적, 작업 환경적 요소 등이 사고 발생에 직간접적으로 영향을 미친다. 이와 같은 측면에서도 사고 발생 원인을 도출할 수 있어야만 사고를 근원적으로 막을 수 있다.

현재의 재해 조사 대부분은 사고 원인을 안전규정 내에서 찾는 것이다. 안전규정 중심으로 작성된 재해 조사서는 산업안전보건법 위반에 따른 처벌 자료로 활용될 뿐이다. 사고 조사의 근본 목적인 동종 사고 방지 역할로는 다소 불충분하다. 산업안전보건법에 규정된 내용으로는 다양하고 심층적이며, 근원적인 사고 원인을 규명하는 데 한계가 있다. 사업장의 다양한 상황을 법으로 규정할 수 없다.

안전규정은 사고를 막기 위한 최소한의 규정이다. 원론적이며 선언적이다. 안전규정을 모두 준수한다고 해서 사고를 막을 수 있는 것은 아니기 때문이다. 최고속도가 100km/h인 고속도로에서 자동차를 99km/h로 운전했다고 해서 안전규정을 준수했으니 사고는 발생하지 않는다고 말할 수도 없다. 100km/h는 위험한 속도고, 99km/h까지는 위험하지 않다는 뜻이 아니다. 사고 방지의 답을 안전규정, 안전지침, 안전기준, 안전매뉴얼, 안전문헌 등에서 찾으면 안 된다. 답은 사고 사례의 위험 정보에 있다.

사고에 대한 근본적 원인 규명으로 동종 사고를 방지하려는 재해 조사 업무는 안전규정의 내용에 머물러서는 안 된다. 재해 조사 업무를 통해 사고 방지 역할을 강화할 수 있어야 한다. 재해 조사 과정에서 나타난 사업장의 안전조직, 안전시스템, 공사 기간, 발주 시 안전계획서 확정 등 사고에 영향을 줄 수 있는 근본적인 것 모두를 조사 대상으로 해야 한다. 사고 원인을 규명하는 데 있어 산업안전보건법의 틀을 벗어나야 한다.

둘째, 재해 조사 기간을 충분히 늘릴 필요가 있다. 공단에서 재해 조사서를 작성할 수 있는 기간은 7일이다. 그마저도 재해 조사서 작성 중에 공단의 일상 업무[16]를 병행해야 하므로 재해 조사 및 작성에 전념할 수 없다. 공단 설립 초기인 30년 전과 비교해 사업장 수, 사업 수, 사업 물량 등은 많이 늘었다. 현장 조사, 자료 수집, 관계자 진술, 관련 문헌 검색, 사고 원인 분석, 토론 등을 수행하려면 조사 기간을 늘려서 더욱 훌륭한 보고서가 되도록 할 필요가 있다.

셋째, 재해 조사·분석에 많은 사람의 다양한 의견을 들을 필요가 있다. 중대재해 조사 업무는 통상 공단 직원 2명이 사고 현장을 방문 조사하고, 보고서를 작성한다. 사고 조사와 분석은 충분한 기간 동안 관련 서류 검토, 목격자 및 관계자 진술, 사고 작업장 상황, 본사, 협력사, 장비·공구 분석 등 다각도로 해야 한다. 위험은 아는 만큼 보인다. 위험의 정도는 보는 사람마다 다르다. 사고 원인 규명도 보는 사람마다 다를 수 있다. 토론회를 통해 다양한 의견을 듣는 등 충실하고 심도 있는 조사·분석을 통해 보고서를 작성하면 좋을 듯하다.

---

16. 유해위험 방지계획서 심사 및 확인, 중소규모 사업장 패트롤 점검, 고용노동부 일제점검 지원, 재해통계 분석 및 각종 회의자료 작성 등이 있다.

넷째, 각종 안전활동은 중대재해 분석을 토대로 추진해야 한다. 안전 활동의 중심에 재해 조사 업무가 있어야 한다. 귀중한 재해 조사 자료를 더욱더 제대로 활용해야 한다. 안전활동의 핵심은 사망사고 방지다. 사망사고 방지의 답은 사고 현장에 있다. 사고 현장을 조사·분석하는 것이 재해 조사 업무이다. 중대재해 조사와 분석을 통해 유의미한 사망사고 방지 방안을 도출할 수 있어야 한다. 재해 조사 역할은 사고 책임자 처벌에서 벗어나야 한다. 재해 조사를 통해 규명된 사고 원인과 위험 정보를 토대로 안전활동을 추진할 수 있어야 한다. 사고 특성·패턴 맞춤형 안전활동이 필요하다.

다섯째, 재해 조사서 모두를 안전교육 형식으로 가공해서 공개해야 한다. 재해 조사서 중 일부만 사고 사례 속보 형식으로 공개하고 있다. 재해 조사서가 동종 사고 방지에 충분한 역할을 할 수 있도록 해야 한다. 재해 조사서 전부를 공개해 사업장에서 동종 사고 방지에 잘 활용할 수 있도록 해야 한다. 공개된 재해 조사서를 통해 위험 정보를 확인한 작업자는 위험대처 능력 향상으로 사고를 효과적으로 막을 수 있다. 더불어 재해 조사자는 재해 조사서 공개로 재해 조사 업무에 소명의식과 책임감을 갖게 된다. 재해 조사 업무에 더욱 심혈을 기울일 것이다.

재해 조사는 사고를 막는 데 중요한 업무다. 재해 조사서 전부를 안전교육 형식으로 공개해 사업장에서 위험 정보를 적극 활용하도록 해야 한다. 사고가 남긴 위험 정보는 생명 정보다. 우리는 그 생명 정보를 잡아야 한다.

사고 흐름을 통찰하라

"어떤 일을 실패하는 것보다 나쁜 것은
아무것도 하지 않는 것이다."

- 세스 고딘(Seth Godin), 작가·기업인 -

사고 흐름을 통찰하고,
맞춤형 안전활동을 하라!

오랫동안 사용하지 않은 건물을 사용하려 한다. 대형 폐기물, 나무토막, 먼지로 얼룩진 창문, 파손된 가구, 찌든 때가 덕지덕지한 시설물, 거미줄 등, 폐기물과 오물이 가득하다. 청소에도 순서가 있다. 대형폐기물, 커다란 쓰레기부터 먼저 치우고, 잡동사니를 반출한 다음, 청소를 해야 한다. 누구나 아는 당연한 청소 순서와 방법이다. 사고를 막고자 하는 안전사업과 안전활동도 이와 다르지 않게 순서와 방법이 있다. 하지만 현실은 그렇지 않다.

건설업에서 전 산업 사망자의 50% 이상이 집중 발생함에도 건설 사망사고 방지에 투입하는 안전예산, 조직, 인력은 부족하다. 사망사고 집중 발생 업종, 형태, 장소, 직종 등을 구별해서 안전활동을 추진할 필요가 있다. 30년 전과 비교해 사망사고 발생 패턴과 특성은 큰 차이가 없다. 동일 형태의 사고가 30년 동안 반복해서 발생한다. 안전활동이 안전규정 준수에 급급하면 사고를 효율적으로 막을 수 없다. 사망사고 발생에 대한 근본적인 질문을 던지고 고민을 해야 한다. 멋진 질문을 해야 멋진 해결책이 나온다. 그리고 사망사고를 막을 수 있다.

- 동일 종류의 사고가 왜 반복해서 발생하는가?
- 안전활동을 실시함에도 사고는 왜 발생하는가?
- 사망사고가 집중적으로 발생하는 곳은?
- 반복되는 사망사고 해결책은?
- 사망사고가 다발하는 형태는?
- 사망사고 주요 발생 패턴은?
- 사망사고가 다발하는 세부 공종은?
- 사망사고가 다발하는 연령대는?
- 사망사고가 다발하는 직종은?
- 사망사고가 다발하는 계절은?
- 사망사고가 다발하는 경력자는?

나는 산업안전보건연구원, 안전보건공단 지사 등에서 근무하면서 산재 사망사고를 분석했다. 사망사고는 일정한 패턴으로 발생한다. 우리는 사망사고 발생 패턴에 집중해야 한다. 사망사고를 막기 위한 정부의 안전정책, 안전보건공단의 안전사업, 기업과 현장의 안전활동은 사망사고 발생 패턴과 흐름을 토대로 추진되어야 한다. 일터에서 30년간 사망사고로 남겨진 다음과 같은 위험 정보를 지나치지 말아야 한다.

1. 사망사고의 50% 이상이 건설업에서 발생
2. 건설 사망사고는 추락 등 3대 사고 중심으로 발생
   - 건설 사망사고의 약 95%(추락 : 60%, 장비사고 : 25%, 머리 손상 : 10%)
3. 사망사고자의 60%가 10년 이상 건설 경력자
4. 사망사고자의 50%가 50대 이상 고령 작업자
5. 추락 사망자의 약 80%가 3~20m 높이에서 추락

각 사망사고 발생 흐름과 패턴별 핵심 안전조치를 선정해 해당 업종, 해당 작업, 해당 현장 등에 집중적으로 적용해야 한다.

1. 추락 사망사고 방지→5대 추락 방지시설 설치
   - 5대 추락 방지시설 : 작업발판, 안전난간, 개구부 안전덮개, 안전방망, 안전줄
2. 장비 사망사고 방지→장비 접근 방지시설 설치
3. 머리 손상 사망사고 방지→안전모 착용
4. 건설 경력자 사망사고 방지→경력 10년 시 의무 안전교육 이수
5. 고령 작업자 사망사고 방지→① 고령 작업자 특성 맞춤형 작업배치
   ② 작업 전 고령 작업자 맞춤형 안전교육

6. 높이 3~20m 추락 사망사고 방지→높이 3~5m 위치에 안전방망 설치

우리를 힘들게 하는 일터의 사망사고를 막는 방법은 의외로 단순하고 쉽다. 쉬운 일을 어렵게 하는 사람이 있고, 어려운 일도 쉽게 하는 사람이 있다. 문제는 일이 아니다. 일을 대하는 사람의 생각과 마음의 문제다. 태양을 가리키면 태양을 보면 간단한데, 태양을 가리키는 손을 보면 일이 어려워지는 것이다. 사망사고의 흐름을 통찰해 맞춤형 안전조치로 안전활동에 집중하면 사고는 발생하지 않는다. 사고에는 일정한 발생 흐름이 있다. 안전활동은 그 사고 흐름을 따라서 해야 한다.

사고 길목을 차단하라

"전쟁에서 이기는 장수는 전쟁을 시작하기 전에 먼저 이기고,
전쟁에서 패하는 장수는 전쟁을 시작하고 나서야 이길 궁리를 한다."

– 《손자병법》, 균형 –

사고 길목을 정확히 찾고, 그 길목을 차단하라

산업안전보건연구원 근무 당시 '추락 사망 방지 대책회의'에 참석했다. 한 참석자가 "추락사고는 대부분 낮은 높이에서 발생한다. 추락사고를 막으려면 높은 장소보다 낮은 장소에서 작업 시 추락 방지 조치에 집중해야 한다"며 낮은 높이의 추락사고 방지를 강조했다.

낮은 높이의 추락사고 방지에 역량을 집중하라는 안전메시지는 부적절하다. '낮은 높이 추락사고 집중 발생'이란 메시지는 건설안전 관계자들 사이에 널리 퍼져 있는 익히 친숙한 내용이지만, 부적절한 메시지다. 추락사고 중 추락 사망사고를 놓치고 있기 때문이다. 추락 사망사고 대부분은 3m 이상 높이에서 발생한다.

'낮은 장소에서 추락사고가 다발한다', '추락사고 방지 역량은 낮은 높이에 집중해야 한다'고 많은 안전관계자가 알고 있고, 주장한다. 부적절한 안전메시지는 현장의 잘못된 안전활동에 영향을 준다. 추락 사망사고를 막는 방법은 높은 장소와 낮은 장소에서의 추락 등을 구분해야 한다. 높은 장소의 추락 사망사고 방지법은 추락 방지시설 설치고, 낮은 장소 추락 사망사고 방지법은 안전모 착용이다. 높은 장소의 추락 사망사고는 추락 방지시설로 막을 수 있다. 추락사고는 70% 이상이 낮은 장소에서 대부분 발생하지만, 추락 사망사고는 90% 이상이 3m 이상 높은 장소에서 발생한다. 우리가 더욱 집중해야 할 것은 사망사고 방지다. 약 70%의 추락 일반 사고를 막으려고, 사고 방지 역량을 낮은 높이에 집중하는 동안 3m 이상의 높은 곳의 작업장에서 작업자가 추락으로 죽어간다. 이는 추락 사망자의 90% 이상을 방치하는 결과를 초래한다. 추락 사망사고 통계 분석을 제대로 하지 않은 결과다.

어느 아파트 발코니 난간에서 어린아이가 추락 위험에 처해 있다. 긴급히 구조해야 한다. 119 구조 신고를 했다. 119 구조대원은 잠긴 현관문 개방 요청 신고로 다른 장소로 이미 출동했다. 어린아이 구조가 지연되고 있다. 어린아이가 추락으로 사망할 수 있다. 잠긴 현관문을 개방하는 것보다 추락사고 일보 직전에 있는 어린아이가 시급하지 않은가? 현관문 개방이 사망 위험의 어린아이 구출에 지장을 준다. 이렇듯 산재 사망사고는 생명을 다루는 일이다. 정확히 판단하고, 신속히 행동해야 한다. 사고 원인, 사고 통계 분석 미흡과 오류가 부적절한 안전정보를 낳는다. 부적절한 안전정보는 잘못된 안전활동을 부른다. 잘못된 안전활동은 귀중한 생명을 잃게 만든다. 안전정보와 안전활동은 정확해야 한다.

높은 곳에서 추락할 때 안전모의 역할은 미약하다. 안전모를 착용했어도 머리가 먼저 바닥과 충돌할 때 안전모가 파괴되어 머리를 보호하지 못한다. 몸통이 바닥에 충돌해도 사망하기는 마찬가지다. 높은 곳의 추락 사망사고는 오직 추락 방지시설로 막을 수 있다. 추락 방지시설은 5개이다. ① 작업발판, ② 안전난간 ③ 안전방망 ④ 바닥 개구부 덮개 ⑤ 안전줄이다. 추락 사망사고의 90% 이상이 발생하는 3m 이상 높은 장소에 추락 사망 방지시설 등 추락 방지 역량을 집중해야 한다.

낮은 장소에서 추락 사망사고 방지는 안전모 역할이 중요하다. 높이 1~2m 등 낮은 곳에서 짧은 작업 시간에 작업을 실시할 때 작업발판, 안전난간, 안전방망, 안전줄 등 추락 방지시설을 설치하기 어렵다. 그래서 낮은 높이에서의 추락 사망사고 방지는 안전모 착용이 중요하다. 말비계[17], 이동식사다리 등을 사용하는 도배 작업, 실내 페인트, 천정 작업, 내부 전기·설비 작업 등 낮은 장소 작업에서 추락사고 발생 시 안전모를 착용해 머리를 보호하면 사망사고로 이어지지 않는다. 낮은 곳에서 발생하는 추락 사망사고는 대부분 안전모를 착용하지 않아 머리가 바닥에 충돌해 발생한다.

많은 작업자가 높은 곳에서 착용하던 안전모를 낮은 장소에서는 벗어던지면서 머리 손상으로 사망사고를 당한다. 안전모는 추락사고 방

---

17. 안전난간이 없는 폭이 약 20cm의 이동식 발판을 말한다.

지뿐만 아니라 낙하, 충돌 등의 사고에서 머리를 보호하는 목적으로 항상 착용해야 하는 개인보호구다.

부적절한 안전메시지는 작업자를 죽고 다치게 한다. 의사의 진단에 오류가 있으면 잘못된 처방이 내려진다. 병을 고치기는커녕 없던 병이 발생할 수 있다. 사고 통계를 잘못 분석하고, 사고 원인을 잘못 찾으면 잘못된 대책과 활동으로 사고를 막기는커녕 안전활동을 방해하고 사고를 발생하게 한다. 그러므로 사고 원인을 찾는 것과 사고 통계 분석은 정확해야 한다. 사고 원인을 잘못 찾으면 대책이 잘못 수립되고, 잘못된 대책으로 사고는 다시 발생한다. 지난 30년간 동일한 사고가 반복해서 발생하는 이유다. 일터에서 사고, 특히 사망사고가 다발하는 건설업, 조선업 등 열악한 환경에서 발생하는 사망사고의 원인 분석은 더욱 정확해야 한다. 그러나 현실은 그렇지 않다. 사고 원인 분석이 다음 내용처럼 교과서적이고, 원론적이며 이론적이다.

- 추락 방지 조치 미실시
- 작업계획서 미수립, 미작성
- 안전교육 미실시
- 안전조치 미흡
- 작업 지휘자, 신호자, 유도자 미배치 등

관리자·서류·문헌·사무적인 시각으로 결정된 사고 원인과 현장 작동성 없는 안전대책으로는 동일한 사고가 반복해 발생한다. 일터에서 또다시 작업자가 죽어가고 있다. 사고 원인 분석과 도출 방법을 획기적으로 바꾸어야 한다. 작업자, 작업, 작업장 등의 시각으로 사고를 보고, 사고 원인을 찾아야 한다. 동일한 사고에서 사고 원인 분석이 사람마다 다른 이유는 무엇인가? 사고를 작업자, 작업, 작업장의 시각으로 보지 않기 때문이다. 분석자의 입장에서 사고를 보면 근본적인 사고 원인을 밝힐 수 없다. '쥐가 다니는 길목에 덫을 설치해야 쥐를 잡을 수 있다'는 것은 당연한 사실이 아닌가? 사고 방지법도 이와 다르지 않다. 사고가 빈발하는 그곳에 안전활동을 집중해야 한다. 이러한 안전활동은 다음과 같이 크게 3단계로 이루어진다.

- 사망사고 사례의 사고 원인을 정확히 분석
- 사고 원인과 통계 분석에서 나타난 사고 종류별 특성·패턴 맞춤형 안전대책을 수립
- 관리자를 배치해 작업 중 안전조치 이행을 확인

부뚜막의 소금도 솥에 넣지 않으면 소용없다. 쉽고 간단한 사고 방지법도 현장에 적용하지 않으면 사고를 막을 수 없다. 산재 사망사고가 반복해서 발생할 따름이다. 현장의 시각으로 사고 원인을 결정하고 대책을 수립해야 한다. 그리고 사고 길목을 차단해야 한다. 사망사고 방지를 위해 이 세 가지를 기억해야 한다.

1. 정확한 사고 통계 분석
2. 맞춤형 안전대책
3. 사고 길목의 정확한 차단

3~5m 높이에 안전방망을 설치하라!

2015년 3월 체육센터 건설 현장에서 작업자가 추락해 사망한 사고가 발생했다. 외부비계[18]에서 조적 작업 중이던 작업자는 작업발판을 이동·설치하는 과정에서 약 7m 아래 바닥으로 추락했다. 사고 원인은 안전줄·안전방망 미설치다.

2016년 9월에는 주택 건설 현장에서 추락 사망사고가 발생했다. 작업자는 외부비계의 작업발판에서 작업 중 몸의 중심을 잃고 약 9m 아래 바닥으로 추락해 사망했다. 사고 원인은 안전난간·안전방망 미설치다.

불량 발판, 안전난간 미설치, 안전방망 미설치 현장   안전방망, 안전벨트 없는 추락 위험의 작업 현장

건설 작업은 대부분 높은 장소에서 실시되어 추락사고는 늘 발생한다. 추락사고 대부분은 사망 등 중대재해로 이어진다. 안전작업 계획

---

18. 비계(飛階, Scaffolding)는 건설 공사 중 높은 곳에서 일할 수 있도록 설치하는 임시가설물을 말한다.

미수립, 안전교육 미실시, 안전점검 부실 등이 사고 발생에 간접적인 영향을 주지만, 사고 원인은 결국 추락 방지시설 미설치다.

국회의원실에서 전화가 걸려왔다. 건설 추락 사망사고 방지에 대한 나의 언론 보도 내용에 대한 문의였다. 대화 내용은 다음과 같으며 일부는 언론에 보도되었다.

1. 건설업 추락 사망사고
   - 산재 사망사고는 50% 이상이 건설업에서 발생
   - 건설업 사망사고는 약 60% 이상이 추락으로 발생
2. 건설 현장 특성과 추락 사망사고 방지 방안
   - 건설 현장 특성
     • 한국 근로자, 중국 교포(조선족), 동남아 출신 근로자 등의 거친 작업
     • 흙막이, 거푸집동바리, 비계 등 가설 공사는 정식 공사로 인정 안 함
     • 발주 시 가설 공사 도면 없음
     • 무리한 공기 단축
     • 최저가 공사비로 인한 불법 재하도급
   - 추락 사망사고 방지 방안
     • 국내 건설 현장 특성상 '1차 추락 방지시설[19]'을 완벽히 설치

---

19. 작업 위치에서 발생하는 추락사고를 막는 시설로 작업발판, 안전난간, 안전덮개, 안전줄이 있다.

하지 못하므로 '2차 추락 방지시설[20]'을 설치해 추락 사망사고를 막아야 한다.
- 추락 사망사고의 대부분(약 56%)이 높이 3~10m 구간에서 발생하므로 안전방망을 3~5m 높이에 설치해야 한다 (3~20m 높이에서 약 80% 발생).

추락 사망 높이별 사망자 분석(단위 : 명)

연도	3m 미만	3~10m	10~20m	20~30m	30m 이상	계	분류 불능	합계
2008	20	165	68	17	24	294	2	296
2009	20	130	51	21	25	247	4	251
2010	22	168	69	19	17	295	–	295
2011	29	162	67	18	9	285	3	288
2012	23	141	67	12	13	256	3	259
계	114	766	322	87	88	1,377	12	1,389
점유율	8%	56%	24%	6%	6%	100%	–	–

출처 : 산업안전보건연구원 《안전보건연구동향》 2013년 가을호 일부 각색

얼마 후 "안전방망 설치법 개정 초안을 작성 중이다. 3m 높이의 안전방망 설치는 건설 작업에 지장을 줄 수 있어 5m 높이에 안전방망을 설치하는 방안을 준비 중이다"라며 내 의견을 구했다. 약 1년 후 기업체 등의 의견과 입장을 고려해서 법안 상정이 어렵다는 내용을 전해 들었다. 결국은 안전방망 개선 법안은 상정되지 않았다. 국회의원실에서 3~5m 높이의 안전방망 설치 필요성은 이해하면서도 다른 이유로 법

---

20. 추락하는 사고자가 바닥에 도달하지 못하도록 막는 안전방망을 말한다.

안 추진이 막힌 것이다.

안전방망은 추락사고와 낙하사고를 막기 위해 설치한다. 추락 위험과 낙하 위험 장소 아래에 안전방망을 설치하도록 규정했다. 높이 3~5m에 안전방망을 설치하지 않는 것은 높이 10m 아래의 추락·낙하 위험을 방치하는 것이다. 현장 관계자는 안전방망 설치 안전규정을 잘못 이해하고 있다. 건설 현장에서 높이 10m 이하에 추락·낙하위험이 있음에도 안전방망을 설치하지 않는다.

산재 사망사고 핵심인 건설 추락 사망사고의 맞춤형 안전시설 법안이 무산됐다. 좋은 법안을 만드는 것은 중요하지만, 법을 준수하는 것은 더욱 중요하다. 기업체와 발주처는 추락 사망사고 위험이 없는 안전한 작업장을 원한다면 3~5m 높이에 안전방망을 설치해야 한다.

산재 취약 근로자에게 특별 안전교육을!

고령 근로자, 10년 이상 경력 근로자 등 산재 취약 근로자에게 맞춤형 안전교육을 제공해야 한다. 고령 근로자의 경우 신체 특성을 고려해 작업을 배치해야 한다. 관로 매설 현장에서 토사 붕괴로 작업자가 토사 더미에 매몰되어 사망했다. 굴착 깊이는 약 1.5m였다. 굴착 아래면 바닥에서 3명의 작업자가 작업 중이었다. 굴착 상단부 지반이 약 0.5㎥ 정도로 일부 붕괴했다. 작업자 중 2명은 신속히 밖으로 나왔으나, 1명은 붕괴된 토사 더미에 매몰되었다. 사망자는 58세이고, 대피한 2명의 동료는 40대였다. 같은 위험 상황에서 고령인 58세 근로자는 빨리 나올 수 없어서 사고를 당했다.

체육시설 건설 현장에서는 작업자가 추락해 사망했다. 사고는 외벽 벽돌 작업장에서 발생했다. 비계 위에 작업발판을 설치 중 몸의 중심을 잃고 약 3.4m 아래 바닥으로 추락했다. 재해자는 62세로 단순 노무자[21]였다. 역시 고령자다.

발판 불량, 안전난간 미설치, 통로 미비 등 안전사각지대의 현장 / 안전난간, 안전방망 미설치 비계 현장

건설 작업은 3D 업종으로 인식되어 젊은 작업자가 기피하고 있다. 고령 작업자가 증가함에 따라 고령 재해자도 증가한다. 50대 이상 고령 사고사망자가 건설사망자의 약 50% 이상이다. 고령 작업자를 사고로부터 보호해야 한다.

고령자는 신체적으로 점차 느려지고 약해진다. 고령일수록 위험인지 능력과 사고대처 능력이 현저히 떨어진다. 산재사망자는 고령자 중에서 집중 발생한다. 건설업은 고령 재해자가 다수를 차지함에도 고령 근로자에 대한 특별 관리가 없다. 각종 안전교육과 작업을 배치할 때 고령 작업자 특성을 고려하지 않는다. 고령 근로자는 사고 위험에 쉽게

---

21. 건설 현장에서 건설기능공(목공, 철근공, 콘크리트공, 배관공 등)의 작업을 보조하며, 기능을 요구하지 않는 잡역에 종사한다.

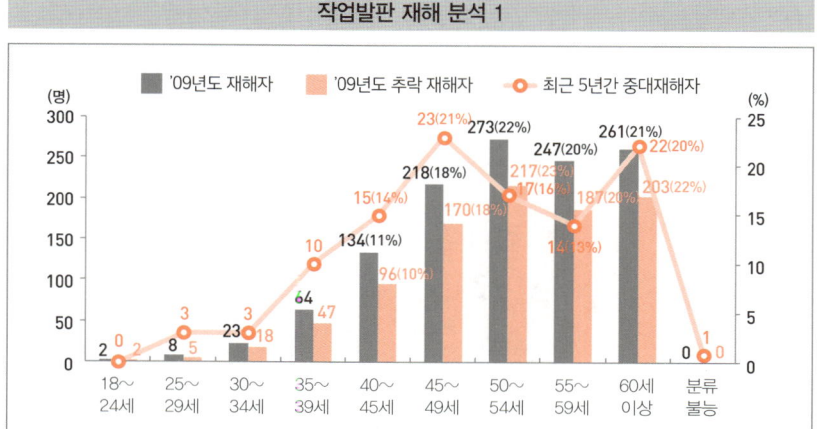

출처 : 최돈흥, 산업안전보건연구원 <건설 현장 작업발판 사용실태 조사 연구 2010>, 각색

노출되어 사고를 당한다. 고령 근로자 특성을 고려한 안전교육과 작업 배치가 이뤄져야 한다.

또한 건설업 산재사망자는 10년 이상 경력 근로자 중심으로 발생한다. 건설업 사망자의 약 60% 이상을 10년 이상 경력자가 차지한다. 10년 이상 경력자는 오랜 경험으로 타성에 젖어 있고, 위험에 대한 인식이 매우 부족하다. 위험한 행동을 작업의 숙련으로 착각하기도 한다. 1960~70년대에는 화장실이 집 밖에 있었고, 공동 화장실이었다. '변소'라고 부르는 이 재래식 화장실에 들어가면 역한 냄새가 진동을 한다. 그러나 시간이 흐를수록 냄새는 약해지고, 결국은 냄새를 느끼지 못한다. 냄새가 없어진 것이 아니라 후각이 적응되어 냄새를 느끼지 못하는 것이다. 이와 비슷하게 신규 작업자가 위험한 건설 환경에서 상당 기간 작업을 하면 그 위험한 건설 환경에 적응을 한다. 위험은 여전히 존재하나 위험을 느끼지 못한다. 위험을 볼 수 없다. 경력자가 사망사고를 많이 당하는 이유다. 안전 불감증이 팽배한 10년 이상 경력 근로자에게 사망사고 사례 중심의 안전의식을 고취할 특별 안전교육을 받도록 해야 한다. '건설업 산재 대부분이 신규 근로자에게서 발생한다'라고 많은 안전전문가들이 알고 있으나, 이는 잘못된 메시지다.

건설 작업의 주요 특성 중 하나가 이동성이다. 한 건설 현장에서 6개월 이상 작업하는 경우가 드물다. 짧게는 반나절, 하루이며 마감 공정일 경우 대부분 1개월 미만이다. 골조 작업이 가장 길어서 몇 개월 동안 한 현장에서 작업한다. 산재 통계에 나타난 건설업 신규 근로자에서 '근속기간 6개월 미만' 근로자란 '건설 경력 6개월 미만'이란 뜻이 아니다. 산재를 당한 현장의 근속 기간을 말한다. 근속 기간이 짧다고 해서 건설업 경력이 짧은 신규 근로자가 아니다. 건설재해자의 90% 이상이 근속기간 6개월 미만 근로자 중에서 발생하는 산재 통계 분석에서 '6개월 미만'이란 사고를 당한 현장의 근무기간을 뜻하는 것일 뿐이다. 건설업 경력이 6개월이라는 뜻이 아니다.

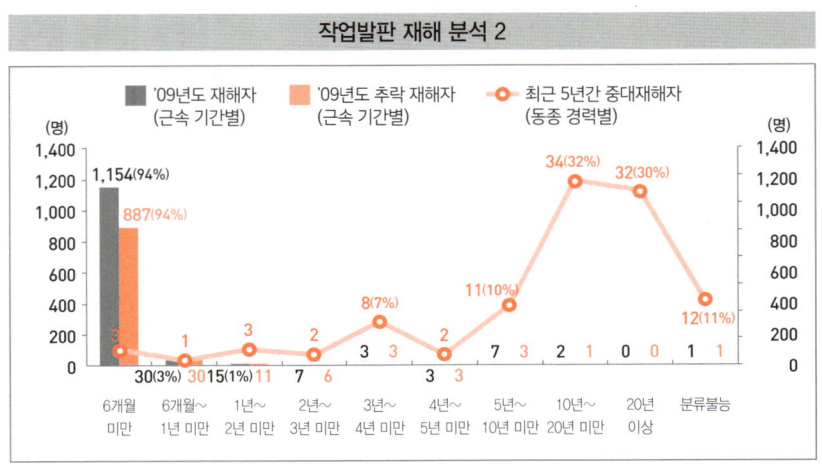

출처: 최돈흥, 산업안전보건연구원 <건설 현장 작업발판 사용실태 조사 연구 2010>, 각색

나는 고등학교 졸업 직후 운전학원을 등록한 후 약 1개월 뒤 운전면허를 취득했다. 그때는 학원과 운전시험에 시내 운전 과정은 없었다. 면허는 있으나 도로에서 단독 운전 경험은 없었다. 비가 억수로 쏟아지는 어느 저녁 8시경, 아버지가 급한 일로 자동차를 운전하고 춘천까지 가려는데 운전자가 없으니 나에게 운전을 하라고 하셨다. 단독 시내 운전도 경험하지 못했는데, 춘천까지 그것도 비가 쏟아지는 밤에 운전을 하라니! 못한다는 내 대답에 아버지는 '조심하면 된다'고 했고, 결국 비가 쏟아지는 밤에 서울에서 춘천까지 장거리 운전을 했다. 다행히 작은 사고도 없었다. 대체로 초보 운전에서 운전 미숙으로 경미한 사고는 발생할 수 있으나 큰 사고는 없다. 대형 교통사고는 대부분 운전이 숙달되었을 때 발생한다.

신규 근로자가 건설 현장에 처음으로 투입되면 고소 작업, 건설장비 운행, 위험한 기계·공구, 재료 낙하 등 많은 위험을 느낀다. 일은 잘 몰라서 서툴지만 매사에 조심해 작업을 하게 된다. 신규 근로자가 일을 모르고 서툴러서 경미한 사고가 발생할 수 있으나 사망 등 중대재해를 당하는 비율은 매우 적다.

건설 현장은 다양한 직종의 근로자가 다수의 작업을 한 장소에서 동시에 진행한다. 작업자는 각종 위험에 노출된다. 건설업 근로자는 전 산업의 약 21%이나, 건설업 사망자는 약 44%를 차지한다. 건설 작업 대부분은 사망사고가 평균 2배 이상 발생할 정도의 위험한 작업이다. 그중에서 사망사고에 집중적으로 희생되는 산재 취약계층을 기억해야 한다. 사망사고 취약계층인 '50대 이상 고령자', '10년 이상 건설 경력자'를 대상으로 맞춤형 안전교육을 제도화해야 한다.

안전모를 착용하라!

안전모 착용은 삶과 죽음의 갈림길이다. 그 중요성을 기억해야 한다. 2015년 서울 근린 생활시설 신축 현장에서 바닥청소 중 작업자가 사망했다. 재해자는 바닥의 주름관에 발이 걸려 넘어졌다. 넘어질 때 벽체에 머리를 부딪혀 머리가 손상을 입어 사망했다. 넘어지면 다시 일어나면 되는데 작업자는 다시 일어나지 못했다. 벽에 머리를 충돌했기 때문이다. 안전모를 착용했으면 아무 일 없는 듯이 일어설 수 있는 아차 사고였지만 사망에 이른 것이다.

2017년 5월에는 건설 현장에서 사다리를 내려오던 작업자가 사망했다. 벽체에 설치된 이동식사다리를 밟고 내려오던 작업자가 바닥으로 쓰러지면서 머리가 바닥에 충돌해 사망했다. 바닥에서 불과 70cm 높이에서 쓰러져 사고를 당했다. 사망사고의 원인은 안전모 미착용이다.

안전모 미착용에 의한 머리 손상 사망사고는 건설업 사망사고의 약 10~15%를 차지하며 건설업 추락사망, 장비 사망 등과 더불어 '건설의 3대 사망'이다. 건설 작업은 대부분 고소 작업으로 추락, 낙하 위험이

작업장과 통로 바닥에 방치한 자재로 전도 위험이 높은 현장

추락과 전도 위험이 높은 이동식사다리

높은 작업이다. 건설 현장은 바닥에 철재, 석재, 콘크리트 덩어리 등이 대체로 방치되어 있고, 전도, 충돌, 부딪힘 등의 사고 위험이 높다. 특히 작업자의 머리가 단단한 석재, 콘크리트, 철재 등과 충돌할 경우 치명적 손상으로 대부분 사망한다. 그러나 안전모 착용만으로 머리 손상 사망사고를 간단히 막을 수 있다. 건설 현장에서 안전모는 누구에게나 반드시 필요한 아주 중요한 개인보호구이다. 안전모는 낮은 높이 추락, 충돌, 전도, 낙하, 감전 등 각종 위험으로부터 작업자의 머리를 보호해 사망사고로부터 작업자를 보호한다.

그럼에도 안전환경이 열악한 영세 소규모 건설 현장에서 작업자는 대체로 안전모를 착용하지 않는다. 안전조직이 갖추어진 일정 규모 이상의 건설 현장에서는 근로자가 골조 작업 시 잘 착용하던 안전모를 마감 작업, 실내 작업을 할 때는 위험하지 않다는 이유 외에도 다음과 같은 이유를 들어 착용하지 않는다.

- 안전모를 착용하면 시야를 방해하며 작업에 지장을 준다.
- 더운 날씨에는 안전모를 착용할 수 없다.
- 안전모를 착용하면 머리 모양이 망가진다.

어떠한 이유라도 안전모 미착용이 정당화될 수 없다. 바닥 등에 머리가 충돌하면 목숨을 잃기 때문이다. 잘못된 안전지식은 사고를 부른다. 형틀 등 골조 작업은 높은 장소의 작업으로 추락 위험을 쉽게 느끼고, 외부 작업이므로 안전모 미착용이 쉽게 노출되어 지적당할 수 있다는 등의 이유로 비교적 안전모를 잘 착용한다. 반면에 실내 작업은 추락 위험을 별로 느끼지 않고, 단속 등의 감시에서 비교적 자유로우며 낙하 위험도 적다고 인식해 안전모를 착용하지 않는다. 이러한 작업자와 현장 관계자는 안전모의 기능을 일부 잘못 알고 있다. 작업자가 높은 장소에서 추락할 때 착용한 안전모가 머리를 보호할 수 없다. 안전모가 파손되어 머리를 보호하지 못한다. 추락자의 신체가 바닥과 충돌로 사망한다. 반면에 실내 작업 등 낮은 장소에서 추락, 전도 등에서는 안전모 착용만으로 머리 손상에 의한 사망사고가 발생하지 않는다. 낮은 높이 추락과 전도 등에서는 머리 보호로 생명을 지키는 안전모의 역할은 크다.

잊지 말고 기억하자! 높은 장소에서의 추락 사망사고는 작업발판, 안전난간, 안전방망, 안전덮개, 안전줄(+안전대) 등의 추락 방지시설 설치로 막을 수 있다. 또한 낮은 장소의 추락, 전도, 낙하 사고 방지는 안전모로 막을 수 있다. 안전모 착용만으로 건설 사망사고 10% 이상을 막을 수 있다.

안전모 미착용 등 추락 위험이 있는 사다리 작업

안전모, 안전벨트, 안전난간 미설치의 안전 사각지대 건설 현장

작업과 환경을 정상화하라

"역사를 배우지 않은 자들은
그 역사를 반복할 운명에 놓이게 된다."

- 조지 산타야나(George Santayana), 하버드대 철학과 교수 -

작업통로를 확보하라!

　사고에서 배우지 않은 자는 사고를 당할 수밖에 없다. 그것도 반복적으로 말이다. 한 건설 현장에서 작업자가 수직철근에 찔려서 사망했다. 재해자는 바닥 철근을 밟고 이동 중 쓰러지면서 수직철근에 찔렸다. 약 1m 수직철근이 재해자 겨드랑이를 뚫고 목을 관통해 머리까지 박혔다. 철근을 제거했으나 재해자는 사망했다. 사고 원인은 안전통로 미확보였다. 철근 작업장 바닥은 철근 간격이 약 20cm이고, 사람 발 길이는 약 25~27cm로 몸의 중심을 잡기 어렵다. 넘어질 위험이 높은데도 사고 현장에는 발판이 없었고, 철근에 보호캡도 없었다. 철근 작업장 대부분은 발판이 없는 등 안전한 통로가 없다. 넘어지는 사고의 위험은 항상 존재한다.

넘어질 위험이 높은 발판 없는 철근 작업장

철근 작업장의 작업·통로 발판

　어느 교량 현장에서는 협력사 소장이 장비에 깔려 사망했다. 6년간 무재해 안전우수 현장이었다. 현장소장이 움직이는 롤러 옆을 걸어가면서 운전자에게 안전교육을 했다. 교육을 마칠 때 핸드폰이 울렸고 통화 중 후진 중인 롤러 바퀴에 깔려 사망했다. 안전교육을 받은 운전자가 안전교육을 한 현장소장을 장비로 사망하게 한 안타까운 사고다. 사고 원인은 '통로가 아닌 곳에 진입(작업 중인 장비에 접근)'이었다. 사고 방지법을 모르는 현장소장이 안전교육을 했으니 소경이 길을 인도한 격이다. 많은 사업장에서 사고 발생 패턴·특성을 모르면서 안전교육, 안전점검 등 안전활동을 실시한다. 시간과 예산의 낭비일 뿐이다.

　서울의 한 주택 철거 현장에서는 현장소장이 장비사고로 사망했다. 현장소장이 주택 내부로 진입하려고 장비와 담장 사이 공간으로 진입 중 갑자기 움직이는 장비와 대문 사이에 협착되며 사망했다. 사고 원인은 장비 작업 구간인 '통로가 아닌 장소 진입'이었다.

사람과 장비가 서로 뒤섞여 작업하는 현장   장비와 작업자가 근접해서 작업하는 현장

　건설 현장에서 장비 사망사고는 추락에 이어 두 번째로 많다. 약 24%에 달한다[22]. 장비사고 대부분은 사람과 장비의 근접으로 발생한다. 장비사고 대부분은 사망이다. 건설 현장에는 장비 운행로와 작업자 통로의 구분이 없다. 사람과 장비가 서로 뒤섞여서 작업을 하는 비정상적 상황이 항상 벌어진다. 비정상적 작업 환경에서 사고는 발생할 수밖에 없다. 지금 이 순간도 장비사고로 많은 사람이 죽어간다. 작업자 통로와 장비 운행로를 확실히 구분해야 한다. 움직이는 장비에 가까이 가려면 죽음을 각오해야 한다. 재해자에게는 사고 당일도 평소와 같았을 것이다. '오늘 나는 사고로 죽는다'는 것을 어느 누구도 예상하지 못한다. 대부분 재해자는 '나와 사고는 관련 없다'라고 생각하는 가운데 사고를 당한다. 누구나 사고 당사자가 될 수 있다.

　콩 심은 데 콩 나고 팥 심은 데 팥 난다. 비정상적 환경에서 비정상적 결과가 나온다. 열매에 문제가 있으면 뿌리와 흙에서 원인을 찾아야 한다. 비료, 토양을 개선하면 열매가 제대로 열린다.

---

22. 임현교 외, 산업안전보건연구원 〈굴삭기 등 5대 건설 기계·장비의 사망사고 감소대책 연구〉

건설 작업은 '사람이 이동하면서 작업한다'는 것이 특성이라고 앞서 밝혔다. 한 장소에서 작업을 하거나 로봇을 이용하는 제조업 등 타 업종과 구별된다. 건설 작업 시 작업통로는 필수적이나 건설 현장 대부분 안전한 작업통로가 없다. 작업자는 자재·기계, 돌출된 구조물과 움직이는 장비를 피하면서 작업을 강행한다. 사고가 발생할 수밖에 없다. 건설 사망사고는 작업통로 미비로 발생한다. 그런데도 사업장에서는 작업통로는 확보하지 않고 안전점검·안전교육 등 안전활동에 열심이다. 작업통로 확보 없는 안전활동은 무의미하다. 작업통로 확보로 건설 사망사고의 약 90% 이상을 막을 수 있다. 추락, 장비사고, 머리손상 등 건설업의 대부분 사망사고가 작업통로와 직간접적으로 관련되어 있기 때문이다. 다음과 같이 작업통로 확보는 작업의 기본이고 안전의 출발이다.

- 재료, 기계, 공구 방치를 금지한다.
- 장비 운행·작업과 겹침이 없어야 한다.
- 마킹, 로프, 방책, 라바콘 등으로 통로를 표시한다.

건설장비와 작업자가 뒤섞여 작업

장비 통행로와 구분되는 작업통로

작업과 환경을 정상화하라!

2015년 경기도 ○○시 교량 건설 현장에서 동바리 붕괴사고로 9명의 사상자가 발생했다. 사고 원인은 도면 미준수다(동바리 간격 : 도면은 90cm, 현장 설치는 120cm). 동바리 변위를 막아주는 가새와 연결철물을 제대로 설치하지 않았다. 안전규정을 준수하지 않은 것이다.

2019년 경상북도 ○○시 공사장에서 바닥철판(데크플레이트) 붕괴로 작업자 3명이 사망했다. 바닥철판을 지지하는 각재가 파손되면서 바닥철판이 붕괴되었다. 바닥철판의 작업자 3명이 20m 아래로 추락했다. 사고 원인은 도면 미준수다. 바닥철판은 철근·콘크리트 등 중량물을 담는 구조상 중요한 구조물이다. 바닥철판 위에 다수의 작업자가 작업을 한다. 바닥철판은 철재 앵카 등 구조 검토를 통해 안전이 확인된 것으로 지지하도록 도면을 작성하고 도면대로 시공해야 하나 약한 목재를 사용했다. 사고는 바닥철판을 지지한 약한 각재 파손으로 발생했다. 사고 현장은 안전 예산 및 조직이 잘 갖추어진 대형 건설회사의 대규모 건설 현장이었다. 안전관리시스템, 안전매뉴얼 등 안전형식은 우수한 것처럼 보이나 도면 준수·안전 확인 등 기본적인 것도 이행하지 않았

동바리 붕괴사고→9명 사상자 발생(교량에서 추락)

출처 : 안전보건공단 건설업 재해 사례

다. '빛 좋은 개살구'며 '소문난 잔치에 먹을 것이 없다.'

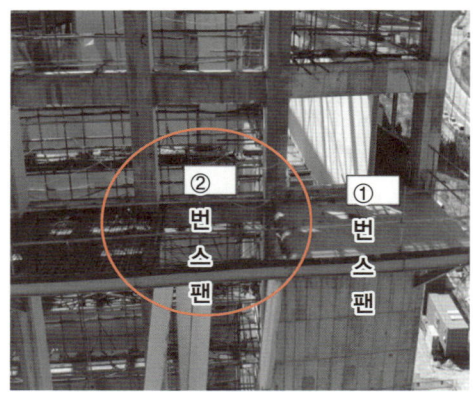

바닥철판 붕괴사고로 3명이 추락해 사망
출처:안전보건공단 건설업 재해 사례

동바리 등 가설 공사는 다음과 같이 실시되고, 각 단계별로 담당자가 확인해야 한다.

1. 구조형식 결정 및 기본설계(규정 준수) ·········· 설계·공무 담당
2. 구조계산 등 안전성 검토(전문기술사) ·········· 설계·공무 담당
3. 설계도면 작성 ···························· 설계·공무 담당
4. 설계도면 안전확인(전문기술사) ···· 공무·안전 담당, 감리·감독자
5. 설계도면대로 시공 ············ 공사·감리 담당, 감리·감독자
6. 각 시공 단계별 안전 확인(도면·규정 준수) ·················
   ······················· 공사·공무·안전담당, 감리·감독자

한 단계라도 원칙을 지키거나, 한 담당자라도 책임을 다했으면 사고

는 없었다. 총체적 부실이다. 건설 현장에는 가설 공사[23]를 정식 공사로 생각하지 않는 잘못된 관행이 있으며 각종 사고 발생의 근본 원인이 된다. 잘못된 관행은 안전조직이 있는 대규모 건설 현장과 안전관리가 열악한 소규모 현장과 별반 차이가 없다. 시공자는 도면대로 공사를 해야 하지만 건설 현장에서는 가설 공사 도면이 없거나 도면이 현장과 잘 맞지 않는다. 도면 준수 여부를 확인해야 하는 감리·감독자도 가설 공사에 무관심하기는 마찬가지다. 가설 공사가 도면이 없이 대충 실시된다. 가설 공사가 방치되고 있다. 이러한 비정상적인 건설 환경으로 여러 명이 한 번에 죽고 다치는 대형사고를 포함한 건설사고 대부분이 가설 공사에서 발생한다. 대형사고는 지극히 간단·단순하며 사소한 원인으로 발생한다. 대형사고가 지속적으로 발생하고 있다. 영국, 독일 등 안전 선진국에서는 대형 건설사의 경우 대형사고가 거의 없다. 간혹 새로운 형태의 사고가 발생하지만 대형 건설사 중심으로 단순·반복적으로 발생하는 국내 대형사고와 비교된다.

 발주자는 공사 발주 단계에서 가설 공사 도면을 계약서류에 포함해야 한다. 시공자는 가설공사 도면을 현장에 비치하고 도면대로 시공해야 한다. 감리·감독자가 계약서류인 가설 공사 도면과 시공 상태를 확인할 수 있을 것이다. 가설 공사를 공사로 취급하지 않는 한 대형사고는 계속 발생할 수밖에 없다. 가설 공사를 공사로 대해야 한다.

---

23. 동바리, 흙막이, 비계 등으로 건설 목적물 건립을 위해 임시로 설치하고 사용 후 해체하는 공사

안전관리자의 역할을 돌려줘라!

2018년 어느 날 나는 ○○시 건축 현장을 안전점검했다. 대규모 현장으로 안전관리자가 여러 명이다. 내가 안전시설 미설치를 지적했을 때 안전관리자가 "작업 진행상 안전시설을 할 수 없다"며 여러 이유를 대고, "안전조치가 현실적으로 어렵다"고 했다. 오히려 공사 과장이 "개선할 기회를 주면 안전시설을 하겠다"고 한다. 안전관리자와 공사 과장의 역할이 서로 바뀐 듯하다.

건설 현장에서 위험을 지적하면 현장소장, 공사 담당, 작업자는 "안전조치를 하려면 작업이 불가능하다", "어렵다", "작업을 지연시킨다", "작업을 모르고 말한다"며 안전조치를 거부하는 경우가 있다. 안전지킴이 역할인 안전관리자조차도 작업을 이유로 안전조치를 거부한다. 안전관리자의 역할을 잊었다. 안전환경이 비정상이다. 안전관리자를 선임만 했을 뿐 그 업무[24]를 이행하는 건설 현장을 찾기 어렵다. 안전관리자의 업무를 하지 않으면서 안전관리자 인건비를 안전관리비에서 사용한다.

안전관리자는 사업장 안전의 최후 보루다. 안전관리자는 '안전전문가', '안전지킴이', '안전가이드'의 역할을 해야 한다. 또한 안전관리자는 사업장의 위험·안전에 대해 사업주·현장소장을 보좌·건의하고, 관리감독자를 지도·조언해야 한다.

---

24. 산업안전보건법 제15조, 동령 제13조 : 위험성 평가·안전교육 계획·안전교육 실시·산재원인 조사·산재통계 유지관리 등 보좌·조언·지도 등

1. 안전을 총괄하는 사업주·CEO·현장소장을 보좌·건의
   - 사업주·경영진 역할 : 안전방침·목표 설정, 안전전략 수립
2. 안전을 직접 챙겨야 하는 관리감독자를 지도·조언
   - 관리감독자 역할 : 위험성 평가, 안전교육, 안전점검, 안전시설 설치, 안전용품 구매 안전작업 계획 수립, 외부 안전점검 대응, 산업재해 처리(나의 생각이며 안전규정과 다소 차이가 있음)

사업장에서 안전관리자의 역할이 미약하다. 안전관리자가 위의 사업주·경영진의 업무와 관리감독자의 업무 모두를 수행한다. 공사금액 800억 원의 건설 현장은 1명의 안전관리자를 선임한다. 매일 300~500명의 작업자가 여러 장소에서 다양한 작업으로 많은 위험에 노출된다. 사업주·현장소장·관리감독자가 해야 할 안전계획 수립, 위험 발견·대책 선정·안전조치 확인 등 대부분의 안전활동을 1명의 안전관리자가 한다. 산업재해 처리, 안전보건공단·고용노동부·국토부·발주처·지자체 등 외부기관 안전의 업무도 안전관리자가 수행한다. 현장소장은 안전점검에서 지적된 문제를 안전관리자에게 책임을 묻기도 한다. 안전관리자의 업무수행은 처음부터 어렵다.

더구나 안전관리자의 상당수가 고용 보장이 없는 비정규직이다. 비정규직은 소신껏 업무수행을 하는 데 한계가 있다. 2014년 건설기업노조가 발표한 자료를 보면 시공능력 50위권 중 10개 사업장 안전관리자의 비정규직 비율이 66%라고 한다. 비정규직에게 작업자의 생명을 맡

길 수 없다. 안전관리자의 업무[25]가 없는 안전관리 체계는 유명무실하다. 안전관리자의 고용을 보장하고, 정규직화할 필요가 있다.

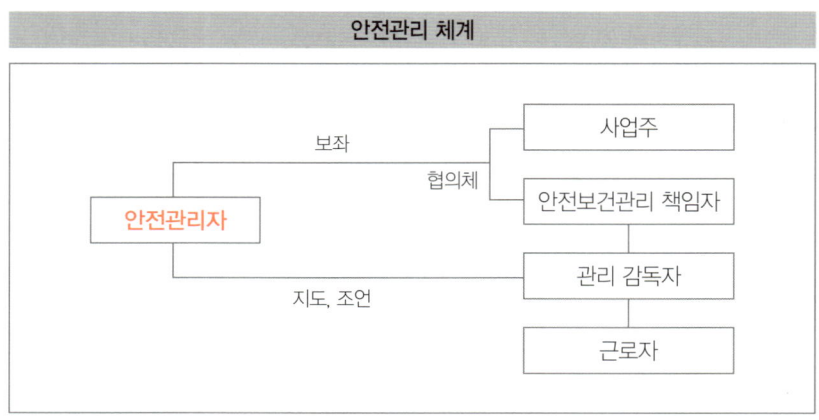

안전관리 체계

사업장의 자율적 안전관리체계 구축은 안전관리자의 업무 정상화에서 시작된다. 첫째, 외부기관 점검 시 '안전관리자의 업무 수행 여부'를 확인해야 한다. 사업장에서 자율적으로 안전관리자 업무의 정상화는 어렵다. 외부기관 안전점검 시 '안전관리자의 업무 수행 실태'를 확인토록 지침을 마련해야 한다.

둘째, 안전관리자는 정규직으로 선임해야 한다. 비정규직 안전관리자에게 안전전문가, 안전가이드 역할을 기대할 수 없다. 책임과 소신을 갖고 안전관리자 역할을 하도록 정규직 안전관리자 선임을 제도화해야 한다.

셋째, 안전관리자에게 작업 중지 권한을 부여해야 한다. 사망 등 중

---

25. 사업장의 위험·안전 관련 사업주·경영자·현장소장 등 보좌·건의, 관리감독자 지도·조언

대 위험 발생 시 안전관리자가 즉시 작업을 중지할 수 있는 권한을 부여하고, 신분보장을 해야 한다. 안전관리자의 업무 수행에 따른 불이익을 받지 않도록 제도적 장치 마련이 필요하다. 안전관리자 업무 정상화가 사업장 자율안전의 출발이 될 것이다.

현장에서 안전을 실행하라!

안전활동을 위한 안전활동은 그만하고 사고를 막기 위한 안전활동을 해야 한다. ○○시 교량 붕괴 현장에 대한 합동 점검이 있었다. 사고 현장의 안전서류가 사무실을 가득 메웠다. 기관별 작성기준에 맞춘 안전서류가 넘친다. 위험성 평가, 안전계획서, 안전교육, 안전점검 등 안전서류가 산더미다. 이렇게 안전활동을 하는데, 대형사고는 왜 발생했을까?

서류점검 다음은 작업장에 대한 시설점검이다. 작업장의 안전상태는 서류안전과 사뭇 달랐다. 작업장의 산업안전보건법 위반 사항이 엄청나다. 안전서류 등 안전활동이 작업장의 안전에 미치지 못한다. 대기업 대규모 건설 현장의 안전활동은 모양은 그럴 듯하나 작업장 안전을 확보하지 못한다. '안전활동'이라는 명칭은 있으나 '사고 방지' 내용을 찾기 어렵다. 안전활동이 작업자·작업장·작업의 안전을 지키지 못한다. 안전활동이 사무실에서 서류 중심으로 실시될 뿐이다.

이번에는 경기도의 한 건설 현장에 대한 안전점검을 했다. 작업장에 많은 위험이 있음에도 안전점검 모든 항목이 '양호'로 표기되었다. 공사 시작부터 현재까지 '불량', '위험'을 기록한 점검표는 없었다. 안전점검

서류를 허위로 작성한 것이다. 외부 기관의 단속 점검 대비용으로 작성한 것으로 보인다. 점검 항목이 현장을 반영하지 못한다. 점검은 있으나 지적 내용은 없다. 종이와 시간이 아깝다. 인력, 시간, 예산 낭비일 뿐이다. 많은 건설 현장의 사정은 비슷하다.

이처럼 많은 사업장에서 '사고 방지' 내용이 없는 안전활동을 하고 있다. 안전활동의 종류와 숫자는 많으나 대부분 형식적으로 실행한다. "안전관리에 많은 자원을 투입하고 있다"면서 내용 없는 형식적 안전활동을 홍보하고 있다. 안전대회에서 수상도 한다. 사고는 여전히 발생한다. 대규모 건설 현장에서 실시하는 안전활동은 다음과 같이 다양하다. 하지만 안전관리 시스템은 많으나 사고는 제대로 막지 못한다.

- 일상 안전점검, 노사 합동점검, 작업 전 안전점검, 특별 안전점검
- 안전회의, 안전협의체, 산업안전보건위원회, 안전규정, 안전표지
- 정기 안전교육, 작업 전 안전교육, 특별 안전교육
- 안전기원제, 안전점검의 날, 장비 점검의 날
- 안전작업 허가제, 위험성 평가, 안전활동 우수사례 포상
- 유해위험 방지계획서, 안전관리계획서 등 각종 안전계획서

이렇게 안전관리 명칭은 있으나 대부분 내용이 별로 없다. 첫째, 안전활동은 실행 중심, 사고 방지 중심으로 해야 한다. 안전작업계획서, 중량물취급계획서, 작업절차서 등 안전계획은 작업 순서 등 작업 방법, 작업 장소와 작업자 특성 등을 고려해 현실적으로 수립해야 한다. 작업 중 발생할 위험을 타깃으로 해야 한다. 단속 점검 대비용, 홍보용, 안전

점수를 받기 위한 안전활동은 중지해야 한다. 안전점검 사진촬영, 안전서류 만들기 등 행정중심의 안전활동을 중지하고 현장 중심, 사고 방지 중심으로 획기적인 방향 전환이 필요하다.

둘째, 각 기관별 안전서류 작성 기준을 통일해야 한다. 정부부처, 발주처, 건설사 본사, 안전보건공단 등 기관별 안전서류 작성 양식이 조금씩 다르다. 유사한 안전서류를 중복으로 작성한다. 불필요한 안전서류 작성에 시간과 인력을 낭비하며 안전시설 설치 등 안전조치에 지장을 줄 뿐이다. 각 기관은 협의를 통해 안전서류 작성 양식을 통일해야 한다. 안전서류 종류와 분량을 대폭 줄여야 한다. 안전활동은 현장에서 행동 중심으로 해야 한다.

안전활동을 습관화하라

"이 순간 당신의 행동을 다스려라.
나쁜 습관을 버리고 좋은 습관을 가져라.
새로운 습관은 새로운 운명을 열어줄 것이다."

— 릴케(Rainer Maria Rilke), 독일 시인 —

건강한 습관은 건강을 주고, 안전습관은 안전한 일터를 제공한다. 나는 학교 졸업 후 입사해 잦은 야근, 스트레스, 늦은 술자리 등으로 건강이 나빠졌다. 건강검진 결과는 언제나 불합격이다. '간 수치가 높다' '정밀추적관찰 요함'이다. 10여 년간 1차 건강진단 결과는 항상 불합격이다. 키 172cm, 몸무게 92~94kg, 허리둘레 약 38인치로서 비만과 과체중이다. 내 지난 이야기다. 40대 초반 강원도 강릉지사 발령으로 가족과 떨어져 숙소에서 지냈다. 어느 여름 직장 동료가 수영을 배운다고 해서 친구 따라 강남 가듯이 나도 수영을 등록했다. 이번 기회에 수영을 배워야겠다는 마음이 생겼다. 어려서 강원도 인제 기린면의 내린천 강에서 개헤엄을 한 것이 전부인 나는 헤엄쳐 가는 거리는 3~5m 정도로 수영을 전혀 못했다.

수영 초급자는 대부분 20대에서 30대 초반의 젊은 사람들이 많다. 그들은 약 1개월이면 중급반으로 올라간다. 늦게 배우는 사람도 2개월이면 중급반이다. 나는 허리가 38인치 몸무게가 94kg인 40대 아저씨로서 수영은 전혀 못한다. 창피한 생각이 들기도 한다. 더구나 4개월 동안 초급반에 있었다. 어느 휴일에 아내와 함께 수영장에 갔다. 아내가 다른 사람이 수영을 하는 나를 향해 하는 말을 듣고 전해준 말이다. "어머어머, 저 아저씨 이제 수영으로 앞으로 가긴 가네. 오랫동안 헤맸는데 말이야." 내가 잘 못하는 모습을 다른 사람들이 보고 있었다고 생각하니 얼굴이 화끈거렸다.

수영 시작은 새벽 6시인데 숙소에서 5시 20분경 기상해야 한다. 7시에서 7시 20분경 기상하던 습관을 갑자기 5시에서 5시 20분으로 2시간 빨리 기상해야 한다. 쉽지 않은 일이다. 함께 등록한 직장 동료는 3개월 등록 기간 중 3~4회 참석으로 그치며 중도 포기했다.

나도 처음에는 '10분만 더 자자!', '내일부터 할까?', '어제 늦게 취침을 했으니 오늘은 생략할까?' 등 많은 생각을 하며 잠자리를 뒤척였지만, 결국 일어나 수영장으로 향했다. 며칠 적응되니 새벽 기상이 쉬워졌다. 기상벨이 울리면 즉시 일어나 옷 입고 밖으로 나가 수영장으로 향한다. 기상벨이 울리면 몸이 먼저 반응한다. 건강관리가 습관화되었다. 새벽 수영은 20여 년간 단 하루도 빠지지 않았다. 중독 수준이다.

- 5시 기상벨 울리면 수영장으로
- 아침 식사는 우유 한 잔과 빵 한 조각 또는 생략
- 퇴근 후 약 30분 헬스와 30분 수영

- 저녁 식사는 반 그릇에 반찬은 한두 종류
- 화장실 입구에 체중계 비치, 배설 전후 체중 비교, 식사 전후 체중 비교

체중 감량 목적으로 수영을 한 것은 아닌데 체중이 줄었다. 체중 감량을 눈으로 확인하니 체중계에 눈이 자주 간다. 무심코 먹었던 음식도 신경이 쓰인다. 체중 감량은 지속되어 매월 약 2kg 감량했다. 체중 감량 중에 몸 상태가 이상해 응급실을 방문했으나 아무 이상이 없다고 했다. 약 20년간 유지해온 신체 일부 약 23kg이 몸에서 빠져나갔다. 몸이 가볍다. 허리둘레는 38인치에서 31인치로 7인치 줄었다. 양복바지를 입을 수 없었다. 양복바지 허리길이를 줄이려 했으나 세탁소 주인은 4인치 이상은 줄일 수 없다고 했다. 기존 양복바지를 입을 수 없으니 아깝지만 다 버렸다.

체중 감량 후 첫 번째 건강진단에서 2차 건강진단은 필요 없다는 결과를 받았다. 믿을 수 없었다. 건강진단 기관인 강릉아산병원 담당자에게 전화했다. "20여 년 동안 간 수치 이상 등으로 1차에서 언제나 불합격되어 2차 건강진단을 받았다." "금번 건강진단 결과가 2차 건강진단에 필요 없다고 명시되어 있다." "건강진단이 잘못된 듯하다"라고 말했다. 그러자 병원 관계자는 건강진단 서류 확인 후 "체중을 잘못 잰 듯하다." "작년에는 94kg인데 이번 건강진단은 71kg로 측정했다"라고 했다. 나는 "체중은 제대로 잰 것이다. 1년간 체중을 약 23kg 감량했다"고 했다. 담당자는 이제야 알겠다는 듯 '체중을 감량하면 몸이 정상으로 돌아온다'고 했다.

나는 체중과 건강관리에 성공했고, 이제 수영 강습이 없는 휴일에는 25m 풀을 한 번에 60~70바퀴를 도는 중장거리 수영을 즐긴다. 쉬지 않고 약 1시간에서 1시간 30분 동안 수영을 할 수 있다. 미사리 조정경기장에서 매년 개최하는 3km, 5km 장거리 핀수영 대회에 참석한다. 한강 건너기 수영대회는 2번 참석했다. 그 뒤 지인들로부터 체중 감량에 대한 많은 질문을 받았다. 그리고 내가 1년 동안 실천한 다음의 체중 감량 노하우를 전파하고 있다.

- 매일 아침 1시간~1시간 30분 수영
- 오후에 달리기 30분과 근육 운동
- 물 많이 마시기(매일 2리터 이상)
- 조식은 우유 한잔 또는 금식
- 점심은 평상시 식사(변함없이)
- 석식은 밥 반 그릇, 부족분은 반찬으로(살코기 중심)
- 탄수화물 섭취를 최소화(밥, 떡, 빵, 라면, 국수 등)
- 화장실 입구에 체중계 비치로 수시 체중 감량 확인(배설 전과 후, 어제와 오늘)
- 추가 섭취한 한두 스푼의 밥으로 500g~1kg 체중이 증가했음을 확인
  - 500g~1kg 감량 위해 수영과 달리기는 약 1시간 30분~2시간 30분 소요
  - 잠깐의 먹는 즐거움을 위해 약 2시간의 고된 운동이 필요
    → 한순간의 먹는 즐거움은 포기해야 한다.

건강관리 습관이 체중 감량과 수영 배우기, 건강 회복 등 세 마리 토끼를 잡았다. 내 체중 감량과 수영 배우기, 건강 회복의 핵심 비결은 '습관'이었다. 기상을 2시간 단축한 새벽 운동은 처음 며칠은 참으로 어려웠으나 1~2주일 지난 후 습관화 단계로 갔다. '기상벨→출발→수영장'이다. 단순하면서 기계적이다. '벨이 울리면 아무런 생각 않고 일어나 수영장으로 향한다'이다. 습관적, 단순화가 비결이다. 작가 김병완은 《부의 5가지 법칙》에서 이렇게 말했다. "인생의 큰 강줄기를 이루는 습관은 한번 형성되면 바꾸기가 힘들다. 우리가 지금 하는 사소한 행동이 우리를 만들고 우리 인생을 결정한다. 모든 것은 지금 이 시간을 우리가 어떻게 사용하느냐에 달렸다."

사고 방지를 위한 안전관리·안전활동도 이와 다르지 않다. 누구나 건강관리와 안전관리의 중요성을 잘 알지만 아무나 건강관리와 안전관리를 제대로 실천하지 않는다. 아는 것과 실천하는 것은 다르기 때문이다. 실천과 실천하지 않는 것은 작게 보이지만 결과는 크다. 실천과 실천하지 못하는 차이는 '습관'이다. 건강관리 습관은 건강을 주고 안전관리 습관은 안전한 일터를 제공한다. 그리고 사고로부터 자유를 준다. "인간은 반복적으로 행동하는 것에 따라 판명되는 존재다. 탁월함은 단일행동이 아니라 습관에서 나온다." 고대 그리스의 철학자 아리스토텔레스(Aristoteles)의 말이다.

사고 방지의 답은 안전활동 '습관화'에 있다. 작업팀별로 작업 전에 안전활동을 습관화해야 한다. 처음에는 어려울 수 있다. 작업에 방해되는 것처럼 느낄 수 있다. 그러나 안전활동이 습관화되면 자연스러워진다. 안전활동은 당연히 하는 것으로 작업자의 몸이 반응하게 될 것이다. 안전의 습관화는 다음과 같이 3단계로 해야 한다.

1단계 : 작업별 위험 발견하기(작업 전)
2단계 : 위험 알리기, 안전대책 결정하기(작업 전)
3단계 : 안전대책 이행 확인하기(작업 중)

안전습관 1단계는 '위험을 발견하는 것'이다. 위험의 발견은 안전관리의 출발이다. '위험이 있는가?' '그 위험이 언제, 어떤 장소에서 어떤 작업 시 발생할 수 있는가?' 등을 묻고 답을 찾아야 한다. 또한 위험은 객관적이고 정확해야 한다. 작업별 위험은 과거 동일 작업에서 발생한 사고 사례, 작업 분석 등에서 발견하고 작업관계자의 토의를 거쳐 결정한다.

작업장에서 위험을 제대로 발견하지 못하고 있다. 사고 사례와 작업 순서, 작업 방법을 분석해 위험을 발견해야 하나 안전매뉴얼, 안전문헌 등에서 원론적으로 위험을 결정한다. 서류상 위험은 안전서류 작성과 관계기관 제출용으로 가능할지 모르나 사고를 결코 막지 못한다. 위험은 실제 발생한 사고 사례와 작업자의 시각에서 결정해야 한다.

안전습관 2단계는 '위험 알리기와 대책 선정'이다. 〈One Work/One Point 위험 게시〉란 1개의 작업에서 핵심 위험 1개를 선정해 그 위험을 작업자에게 알려주는 활동을 말한다. 위험을 알려주는 방법은 ① 작업 전 5분간 안전교육, ② 작업장에 핵심 위험을 게시, ③ 작업 중 당해 작업자에게 수시로 핵심 위험을 일깨워주기 등이다. 관리자는 작업자에게 위험을 제공해야 한다. 작업자는 반드시 그 위험을 알아야 한다. 작업자는 작업 전에 위험을 인지해 작업 중에 위험을 대처할 수 있어야 한다. 안전활동 핵심 습관은 '위험을 아는 것'이다.

건설 작업은 한 장소에 많은 작업이 이루어지며 위험의 종류와 형태가 다양하다. 위험은 작업장, 작업, 작업장소 등 모두 다르다. 각 작업자가 알아야 할 위험이 모두 다르지만 작업자별로 해당하는 위험을 정확히 알려주지 못하고 있다. 작업자에게 작업의 핵심 위험을 정확히 알려주어야 한다.

발견한 위험이 사고로 이어지는 것을 막기 위한 안전대책은 작업장과 작업 그리고 작업자의 시각에서 결정해야 한다. 현장에서 실행이 가능하며 사고를 완벽히 막을 수 있는 대책이어야 한다. 현재 사업장의 안전대책은 대부분 안전규정, 안전자료 등의 내용 일색이다. 안전매뉴얼을 따라하는 수준이다. 사고를 막기에 한계가 있다. 작업장에서 작업자가 실행할 수 있는 맞춤형 안전대책으로 결정해야 한다.

안전습관 3단계는 '안전대책 이행 확인'이다. 아무리 좋은 보약도 먹어야 효과를 본다. 완벽한 안전대책이라도 현장에서 작업자가 실천하지 않으면 아무런 의미가 없다. 부산 LCT 작업틀 탈락으로 추락 사망사고, 안동 바닥판 탈락으로 추락 사망사고, 물탱크 불량 볼트 사용으로 물탱크 폭파 사고 등 국내 메이저급 대기업 현장에서 발생하는 대형사고가 작업 중 안전조치 이행 확인이 없어 발생한 것이다. 작업 중에 작업자가 안전대책을 제대로 실천하는지 확인해야 비로소 안전활동은 종결된다. 관리자를 작업장에 배치해 안전대책 실천 여부를 확인하도록 해야 한다.

산재 사망사고가 반복해서 발생하는 것은 안전의 기본이 지켜지지 않기 때문이다. 안전의 기본이 잘 지켜지려면 안전습관이 생활화되어야 한다. 국내 사업장은 서류안전에 습관이 되어 있다. 외부 기관의 안전점검도 안전서류 확인에 중점을 두는 경우가 있다. 서류안전은 시간과 예산만 낭비할 뿐이다. 국내 건설 현장에서 3단계 안전습관 중 한 개도 제대로 실천하는 사업장을 찾아보기 힘들다. 어려워서 못하는 것이 아니라 사고 방지의 관심이 부족하기 때문이다. 아무리 어려워 보여도 일단 시도하면 쉽고, 사소해 보이는 것도 행동하지 않으면 어려운 것이다. 안전활동은 본질과 핵심을 추구한다면 사고를 쉽게 막을 수 있다. 사소한 것처럼 보이는 안전습관이 사고 방지는 물론 쾌적한 작업환경을 제공할 것이다. 작업자는 작업장을 좋아하게 되고, 생산성과 경제성은 높아질 것이다. 현장의 3단계 기본 안전습관 정착을 위해 정부의 안전정책, 안전보건공단의 안전사업, 학계의 안전연구, 안전보건기관의 안전활동 등 함께 노력한다면 산재 사망사고는 쉽게 방지될 것이다. 안전습관! 작은 것부터 실천하자.

사고 사례에 집중하라

"성공하는 비밀은,
무언가를 하기 전에 준비하는 것이다."

– 헨리 포드, 미국 기업인 –

사고 방지 해법은 사고 사례에 있다

   사망사고를 막기 위한 정확한 방향 설정이 필요하다. 우리가 머뭇거리는 동안 일터에서 또 한 명의 근로자가 사고로 죽는다. 모든 역량을 산업현장의 사망사고 방지에 집중해야 한다. 안전활동은 산재 사망사고 방지 방향을 가리키고 있어야 한다. 안전활동을 위한 안전활동, 보여주기 위한 서류안전과 행정안전, 공사착공을 위한 안전 등 잘못된 방향의 안전에서 벗어나야 한다.

   일정 규모 이상의 건설공사는 착공 전에 안전계획서를 작성해 심사를 받아야 한다. 작업 수행 중 언제, 어느 장소에서, 어떤 작업을 하다가, 어떤 종류의 사고가 발생할 수 있는지? 위험을 찾고 안전대책을 수립하는 등 사고를 막기 위한 것이다. 현장소장 등 현장책임자는 공사 과정에서 위험은 있는가, 안전대책은 무엇인가, 안전대책은 어떻게 이행 하는가 등에 관심을 집중해야 하나 현실은 그렇지 못하다. 현장소장 등 공사책임자는 '어떻게 하면 심사를 빨리 득해 공사를 착공할 수 있는가'에 관심이 집중되어 있다. 안전계획서 작성은 사망사고 방지보다 공사의 빠른 착공을 목적으로 생각한다. 착공을 위한 목적으로 작성된 형식적 안전서류는 현장 실행력이 없다. 안전작업을 위한 구체적 내용이 없다. 공사책임자가 직접 작성해야 할 안전계획서를 작성 대행기관에서 대리 작성하기도 한다. 공법, 현장 상황, 전문업체 특성 등을 모르는 상태에서 안전관련 자료를 모아 작성해 제출하는 경우가 많다.

  사고 방지보다 공사 착공 목적으로, 공사 수행자가 아닌 타인이 대리로 작성한 안전자료 모음집에 불과한 계획서를 놓고 심사를 하는 경우에는 심사위원이나 심사를 받는 현장소장 등 공사관계자 모두 난감하다. 계획서 심사 시 당해 공사의 구체적 위험, 맞춤형 안전대책을 발표할 수 있어야 한다. 심사위원 질문에 상식적인 답변, 원론적인 답변을 할 뿐이다. 계획서 내용에 대한 답변이 부족하다. 현장책임자가 계획서 내용을 알지 못하니 구체적 답변을 못하는 것은 당연하다.
  이와 같은 안전활동이 진행되는 한 사고는 막을 수 없다. 이천 냉동창고 사고, 부산 LCT 작업틀 탈락사고, 안동 바닥철판 붕괴, 4호선 전철연장 현장 가스폭발 등 사소한 원인에 의한 대형사고를 막지 못하는 이유가 기본과 본질에서 벗어난 안전계획 수립, 안전활동, 안전사업에 있다. 안전활동, 안전사업은 현장 특성과 사망사고 사례에 근거해야 한다. 안전이론, 안전매뉴얼, 각종 안전자료에 치중하는 잘못된 방향에서 빨리 벗어나야 한다. 안전작업 계획은 사망사고 사례의 위험 정보를 토대로 현장의 상황을 감안해서 공사 책임자가 직접 수립해야 한다.

답은 현장에 있다. 사고 방지의 답은 사고 현장에 있다. 모든 사고는 핵심 위험 정보가 있다. 약 30년 동안 발생한 사망사고 사례가 있고 위험 정보가 있다. 30년간 건설 사망사고가 크게 줄지 않는 것은 사고 사례별 위험 정보를 소홀히 하기 때문이다. 위험 정보를 안전활동에 활용하지 못하고 있다. 그러는 사이에 동일한 형태의 사고가 반복해서 발생한다. 사고 사례별 위험 정보를 안전활동에 적용해야 사망사고를 제대로 막을 수 있다. 이제는 위험 정보를 놓치지 말아야 한다.

기본에 충실하고 본질에 집중해야 한다. 안전계획 수립 시 먼저 발생했던 사고 사례를 보지 않고 누군가 먼저 작성한 계획서의 안전자료, 안전이론, 안전매뉴얼과 안전규정, 안전서류, 안전행정 등에 몰두하고 있으면 사망사고 방지는 기대할 수 없다. 사고 사례의 위험 정보에 집중하지 않고 사고 방지 활동을 보고 있는 한 사망사고의 답은 없다.

재해예방기관은 사업장별 안전보건 수준을 정확히 파악해서 각 안전보건 수준별 맞춤형 안전보건 기술 지원을 할 필요가 있다. 사업장 안전보건 수준 실태조사에서도 유의성 있는 결과를 얻으려면 객관성과 정밀한 분석이 선행되어야 한다. 실태조사자들 간에 전문성 편차를 감안해야 한다. 실태조사 항목이 주관적이면 실태조사 결과의 신뢰성에 문제가 있을 수 있다. 실태조사 역량을 향상시켜서 실태조사자들 사이 조사 결과에 대한 편차를 최소화해야 한다. 위험은 아는 만큼 보이고 관심 있는 만큼 보인다. 아는 정도와 관심 정도가 같을 순 없다. 따라서 평가항목을 최대한 정량화, 객관화해야 한다. 사업장 특성은 다양하다. 위험 종류도 다양하다. 사업장 안전보건 실태조사는 동종 업종, 동종 세부작업, 동일 규모, 동일 수준의 사업장으로 상세 분류해서 적용해야 한다.

두 사람 사이에서 서울 남대문에 대한 논쟁이 벌어졌다. 한 사람은 서울 남대문을 직접 본 목격자고, 다른 한 사람은 문헌과 다른 사람에게 전해들은 간접 경험자다. 두 사람 중 어떤 사람이 남대문에 대해 잘 설명하고, 논쟁에서 이길 것이라고 생각하는가? 남대문을 직접 보지 않은 간접 경험자는 언변이 화려하고 말수가 많을 것이다. 전해들은 말이 많고 상상력까지 함께하니 표현력도 우수할 것이다. 간접 경험자로서 전달자의 시각으로 남대문을 볼 수 있고 알 수 있다. 전달자가 많으면 내용도 많아서 논쟁을 잘할 것이다. 다만 직접 목격하지 않고 전해들었으므로 정확성은 확신할 수 없다.

남대문을 직접 목격한 사람은 혼자 목격했으니 할 말도 많지 않다. 그러나 정확한 사실을 말할 수 있다. 내용은 화려하지 않아도 핵심 내용을 말할 수 있다. 사고 방지 방안은 오랜 기간 사고 현장에서 직접 보고 느끼고 경험한 현장 경험자의 의견을 들어야 한다. 내가 건설회사에서 근무할 때 건설 현장 관계자들 사이에서 자주 오가던 말이 있다. '현장 실무자가 본사 근무 6개월 이상이면 현장 감각이 무뎌지기 시작한다'는 것이다. 안전사업을 결정할 때 일선 현장 경험자, 그중 사고 전문가의 의견을 들어야 하는 이유다. 현장 작동성 있는 안전대책, 안전사업은 사고 사례의 위험 정보를 따라야 한다.

우리가 보유한 귀중한 자료로서 30년 동안 발생한 사고 사례는 경시하고 외국 사례, 과거 사례, 안전문헌, 실태조사 등을 기준해 안전사업을 결정하는 것은 지양해야 한다. 외국과 국내는 다르다. 과거와 현재는 같을 수 없다. 안전문헌과 현실은 일치하지 않을 수 있다. 방향이 틀리면 목표에 도달할 수 없다. 노력하면 할수록 목표와 더 멀어질 뿐이다. 사고 현장 경험자의 의견을 무시하고 사고 사례의 위험 정보를 경시하는 한 일터에서 발생하는 사고를 효과적으로 막을 수 없다. 사고 사례를 잡아야 한다. 현장 경험과 사고 사례에 집중해야 한다.

현장 중심이어야 한다

"아는 것으로 충분치 않다. 실제로 적용해야 한다.
바라는 것으로 충분치 않다. 행동해야 한다."

― 괴테(Johann Wolfgang von Goethe), 독일 작가 ―

본질을 추구하라!
현장에서 안전조치를 실천하라!

2018년 한 사업장에서 리프트를 정비하던 작업자가 회전축에 끼어 사망했다. 리프트 기계실 2개의 회전축 중 1개가 고장났다. 돌고 있는 회전축 옆의 고장난 회전축을 정비 중이었다. 정비 중인 작업자의 안전대 줄이 회전축에 말리면서 작업자가 회전축에 끼인 사고였다. 사고 원인은 '회전축 안전덮개 미설치'다.

회전축 끼임 사고를 막으려면 무엇을 어떻게 해야 하는가?

- 회전축 안전덮개 설치
- 안전대 줄이 늘어지지 않게 착용
- 비상정지 장치 부착(사고 발생 시 회전축 정지)
- 비상시 전원 차단(사고 발생 시 회전축 정지)
- 작업 전 안전점검
- 작업 전 안전교육
- 작업장 조도 확인, 조도 개선
- 작업 전 위험성 평가
- 작업 지휘자, 관리자 배치
- 안전작업 허가제 실시
- 작업자 자격 확인
- 안전협의체 구성 및 운영
- 산업안전보건위원회 구성 및 운영
- 안전회의
- 안전작업 계획 수립 등

수많은 안전활동을 하고도 회전축에 안전덮개를 설치하지 않으면 안전활동은 소용없고, 사고를 막을 수 없다. 사고는 회전축에 사고자의 안전대 줄이 말리면서 발생했다. 작동 중인 회전축에 근접한 작업은 회전축에 말릴 위험이 있다는 것을 작업 전에 알고 있어야 했다. 그리고 안전덮개를 설치했어야 했다.

- 핵심 위험은 '회전축'이다.
- 핵심 안전조치는 '안전덮개 설치'다.

사고를 막으려면 위험을 차단, 격리, 제거하는 등의 직접적인 안전조치를 해야 한다. 안전조치를 하기 위해 수많은 안전활동을 한다.

- 안전작업 계획서 : 작업분석, 위험발견, 대책수립 등을 포함한 작업계획 수립
- 위험성 평가 : 위험발견, 위험분석, 대책수립
- 안전회의 : 위험발견 등 안전활동 전반에 걸쳐 논의하고 결정
- 안전교육 : 사고 사례를 통한 안전의식 고취 및 위험 정보 제공, 안전점검으로 발견한 위험 정보 제공
- 작업 지휘자 배치 : 작업 중 안전대책·안전조치 이행 확인

많은 안전활동은 결국 핵심 안전시설 설치 등 안전조치를 하기 위한 것이다. 회전축의 협착사고를 막기 위한 핵심 안전조치는 회전축에 '안전덮개 설치'를 하는 것이다. 그러나 현실은 다르다. 안전점검, 안전교육 등 수많은 안전활동을 하면서 반드시 해야 하는 핵심 안전조치인 안전덮개 설치는 하지 않는다. 작업 시간 단축과 작업 비용 절감 등이 그 이유다. 핵심 안전조치가 없는 안전활동은 필요가 없다. 시간과 예산과 인력만 낭비하면서 사고를 당할 뿐이다. 안전조치 없는 안전활동은 그럴듯해 보이지만 사고를 막지 못한다. 동일한 종류의 사고가 반복해서 발생하는 이유는 안전조치가 없는 안전활동을 하기 때문이다.

정부부처는 사업장을 대상으로 정기적으로 안전점검을 한다. 안전서류 등 행정 안전관리 실태, 안전시설 등 작업장 안전 실태 등 사업장 전반에 걸쳐 안전관리 실태를 점검한다. 점검 결과 안전시설 미설치 등 직접적 사고 방지 미조치는 일정한 기간 내에 개선할 기회를 주지 말고, 즉시 시정해서 작업하도록 해야 한다. 안전교육 누락, 안전계획 미수립, 안전점검 미실시 등 간접적인 안전관리 미실시는 충분한 기간을 두고 작업 수행과 안전개선을 병행하도록 해도 무방할 듯하다. 도로상에서 과속, 신호위반, 주차위반 시 벌금이나 과태료를 즉시 부과하듯이 사업장의 안전시설 미설치 등 직접적인 안전 미이행은 단호한 조치가 필요하다. 안전시설 미설치 등 죽고 다치는 사고가 발생하는 일터의 안전조치 미이행은 적발 시 즉시 작업을 중지하고 안전조치 후 작업을 재개하도록 해야 한다.

사업장 관계자에게 사고 방지시설 설치 등 핵심 안전조치는 소홀히 해도 되고, 안전서류 작성 등 형식적 안전활동에 더 집중하라는 잘못된 메시지를 주지 않도록 해야 한다. 사업장에서 안전예산과 인력 대부분을 작업장의 안전시설 등 직접적 안전조치에 집중해야 한다. 일정 규모 이상의 사업장은 대체로 안전서류는 잘되어 있지만 작업장의 안전조치는 열악하다. 안전서류만 잘 작성하면 된다는 비정상적 안전활동이 만연하고 있다.

안전조치가 없는 안전서류 작성 등의 안전활동은 아무 의미 없다. 알맹이는 없는데 포장지만 화려하다. 안전교육, 안전관리자 선임, 안전계획 수립 등은 안전조치를 하기 위한 간접적인 활동일 뿐이다. 간접적 안전활동은 그 활동을 통해 안전시설 설치, 위험 격리, 위험 차단 등 사고 방지의 직접 안전조치를 이행했을 때 의미가 있다. 사고 방지는 안전시설 설치 등의 핵심 안전조치로 위험을 제거해야 막을 수 있다. 외부기관 점검이든 사업장 자체 안전점검이든 안전시설 등 안전조치 미조치는 즉시 작업을 중지해 사고를 막아야 한다. 작업장, 현장 중심의 안전조치에 집중해야 한다. 위험 발견과 안전시설 설치 등 현장에서 안전조치를 해야 사고를 막을 수 있다.

본질을 찾아라

"문제를 발생시킨 수준으로는
그 문제를 해결할 수 없다."

– 아인슈타인, 물리학자 –

사고를 막기 위한 안전활동을 해야 한다

사람들은 보통 바나나는 노란색이라고 한다. 당신도 그렇게 생각하는가? 껍질만 노란색이고 바나나 대부분은 흰색이다. 본질은 대체로 보이지 않는다. 우리는 어떤 것을 결정할 때 우리에게 보여지는 것만으로 쉽게 결정한다. 그리고 잘못 결정한 대가를 톡톡히 치르면서 후회한다. 후회해도 때는 이미 늦었다. 보이지 않는 본질을 볼 줄 알아야 한다. 특히 중요한 일은 본질을 보고 결정해야 한다. 보이는 것만으로 전체를 판단하지 말아야 한다.

안전활동의 본질은 사고를 막는 것이다. 안전활동의 목표가 안전규정을 잘 준수하는 것으로 변질되어 있다. 안전계획 수립 등 각종 안전활동이 안전규정의 틀을 벗어나지 못하고 있다. 사고를 막기 위한 방법은 안전기준, 안전매뉴얼, 안전지침, 안전규정 등 많은 것이 있다. 안전규정은 사고 방지 방법 중 하나일 뿐이다. 안전규정은 반드시 준수해야 하지만 안전활동의 목표가 될 수 없다.

2018년 대형사고 위험 현장의 자율안전컨설팅에 대한 심사에 참여했다. 컨설팅업체의 발표 내용 대부분은 '안전규정을 잘 준수하도록 지원하겠다'는 것이다. 본질이 잘못되었고 방향이 틀렸다. 자율안전컨설팅이란 사업장에서 사고가 발생하지 않도록 위험을 잘 발견해서 제거하도록 하는 등 안전관리 활동을 지원하는 것이다. 사업장의 안전작업 계획, 위험성평가, 안전점검, 안전교육 등 안전활동에 도움을 주고 안전기법을 지원하는 것이 안전컨설팅이다.

모든 안전활동의 목표는 사고 방지여야 한다. 자율안전컨설팅은 사업장의 사고 방지 활동을 도와주고 지원하는 것이다. 안전컨설팅 전문기관의 발표 내용을 보면 컨설팅 계획 대부분이 사업장에서 안전규정을 잘 준수하도록 지원한다는 내용이다. 안전전문기관에서 수립한 안전컨설팅 계획임에도 사고 방지의 본질에서 벗어나 있다. 본질을 볼 줄 알아야 하고, 본질을 회복해야 한다.

◎ 안전컨설팅의 발표 내용
- 정기 안전교육은 월 2시간 이상
- 특별 안전교육은 해당 위험 작업 전에 2시간 이상
- 안전협의체를 월 1회 이상
- 산업안전보건위원회 구성과 운영 등

안전규정 준수를 안전컨설팅 계획으로 발표하는데도 아무도 지적하지 않는다. 안전활동 대부분이 사고 방지 목적이 아니라 안전활동을 위한 안전활동이다. 안전컨설팅뿐만이 아니다. 각종 안전계획서, 안전회의, 안전교육 등 각종 안전활동이 '안전규정 준수'의 한계를 벗어나지 못하고 있다. 안전활동은 작업의 위험을 발견하고 대책을 결정해 작업 중 안전조치 여부를 확인하는 일련의 활동을 말하며 사고를 막을 수 있어야 한다. 안전컨설팅은 사업장의 핵심 안전활동인 ① 위험 발견, ② 대책 선정, ③ 안전조치 확인 등에 대한 효율적인 방안에 도움을 주는 것이다. 위험과 안전대책은 작업 종류, 작업 장소, 작업 시기, 작업 방법, 작업자 특성, 사용 기계·공구 및 장비 등에 따라 다르다. 그래서 전문가의 안전컨설팅이 필요한 것이다. 안전규정은 당연히 준수해야 할 대상이지 안전컨설팅 대상이 될 수 없다. 본질을 추구하는 안전활동이 필요하다.

첫째, 위험을 잘 찾도록 도움을 주어야 한다. 대상 작업장의 공사 전 과정에 걸쳐 언제, 어떤 장소에서 어떤 작업 시 어떤 작업자에게 어떤 위험이 발생될 것인지에 대해 사업장에서 정확한 분석을 할 수 있도록 도움을 주어야 한다.

둘째, 위험 맞춤형 안전대책을 수립하도록 지원해야 한다. 위험을 어떻게 효율적으로 막을 수 있는가? 작업 순서 등 작업 방법, 작업장 상황, 작업자 특성 등을 고려해 경제적이고 효율적인 안전대책을 수립할 수 있도록 안전기법 등을 제공해야 한다.

셋째, 작업 중 안전대책 이행을 확인하는 방법에 대한 지원이다. 작업 중에 수립된 안전대책을 정확히 실천하는지를 어떻게 확인할 것인가에 대한 관리 방법을 지원할 수 있어야 한다.

안전활동의 본질은 사망사고 전체를 막는 것이다. 대형사고를 포함한 산재 사망사고 전체에 대한 관심과 본질적인 안전활동이 필요하다. 언론과 사회적 관심이 집중되는 대형사고에만 안전활동을 집중하면 안 된다. 우리에게 보이는 것은 빙산의 일부분이다. 약 10%에 불과하다. 90% 이상 대부분은 물속에 잠겨 있다. 우리에게 보여지는 것으로 전체를 판단하면 안 된다. 전체를 볼 수 있어야 한다.

한 번에 다수의 사상자가 발생하는 대형사고는 많은 사람을 놀라게 하고 사회적 불안감을 일으킨다. 사람들이 이목을 집중적으로 받으며 언론에서 보도된다. 정부의 합동사고조사단, 사고 대책본부가 꾸려진다. 사고 원인을 찾고 대책 마련, 제도 개선 등이 이루어진다. 사고 책임자를 찾아내어 강력하게 처벌하기도 한다. 반면에 일터에서 한 사고에 한 명의 사망자 발생하는 일반 사망사고는 사회적 관심을 받지 못한다. 언론에서 보도하지 않고 일상적 사소한 사고로 취급된다. 대형사고에 비교해 처벌 수위도 미미하다. 한 사고에서 한 명이 사망하는 사고로 일터에서 하루에 약 4명이 죽고 있다.

빙산	– 빙산 전체(본질) • 산이 아니라 둥근 덩어리 형태임에도 빙산으로 불린다. • 물속과 물 위에 걸쳐 있다.
물 위	– 흰 산(빙산의 일각) – 우리에게 보이는 것(약 10%)
	– 중요한 것처럼 보인다. – 대형사고 • 사회적 관심이 집중된다. • 한 번에 사상자 다수가 발생한다. • 연간 대형사고 사망자 수는 소수다.

물 속	– 보이지 않는 것(약 90%)

	– 중요하다.
	– 사망사고
	  • 사회적 주목을 받지 못한다.
	  • 한 번에 1명씩 사망(매일 4명 발생)
	  • 장기간 지속. 반복 발생한다.
	  • 연간 사망자 수가 대다수를 차지한다.

일터에서 사고로 목숨을 잃는 것은 다수의 작업자가 한 번에 발생하는 대형사고나 한 명씩 나누어서 발생하는 일반 사망사고나 다를 게 없다. 오히려 연간 사망자 수를 보면 한 번에 한 명씩 사망하는 사망사고자 수가 대부분을 차지한다. 대형사고뿐만 아니라 한 명씩 목숨을 앗아가는 사망사고에도 많은 관심을 가져야 한다. 정부의 안전정책과 언론보도가 대형사고든 한 명씩 발생하는 사망사고든 구분이 없어야 한다. 대형사고뿐 아니라 날마다 4명씩 죽어가는 일반 사망사고를 막기 위해 역량을 집중해야 한다.

참새는 눈앞의 것만 보고 놀라고 즉흥적으로 행동한다. 매는 하늘 높이 날아서 전체를 보고 분석한 후 계획적으로 행동한다. 참새의 안전활동이 아닌 매의 안전활동을 해야 한다. 사망사고 전체를 대상으로 체계적인 안전활동을 해야 한다. 냉동창고 화재가 발생하면 냉동창고 현장의 집중점검 등 사고를 뒤쫓는 방식의 안전활동으로 전체 사고를 막는 데는 한계가 있다. 하나의 사고 방지에 집중할 때 다른 사고가 발생한다. 본질적인 안전활동을 결정해 장기적으로 추진해야 한다.

2012년 4월 안전보건공단 산업안전보건연구원과 일본이 공동으로 개최한 '추락재해예방 국제 세미나'에서 일본 대표로 나온 일본 건설안전연구원의 건설연구실장으로부터 일본 건설안전연구 실태를 들을 수 있었다. '일본 건설안전연구원에는 9명의 연구원이 있다', '연구원 대부분 정년 시까지 인원 변동이 없다', '한 연구원이 정년으로 퇴직하면 신입연구원이 입사한다' 등 하나의 연구를 지속적, 장기적으로 추진할 수 있는 환경이 마련되어 있다. 가설재 연구, 건설계약 등 안전환경에 대한 연구 등이 장기적으로 추진되고 있다. 그에 따라 소규모 목조주택에 적용된 비계 선행공법, 안전난간 선행공법 등으로 건설 사망사고를 약 80% 감소시키는 성과가 있었다고 한다. 전체 사망사고를 대상으로 장기간 지속적인 연구를 추진한 결과다. 국내 건설안전연구는 중장기적으로 실시하는 일본 사례를 참조하면 좋을 듯하다. 하나의 대형 연구과제를 5~10년 이상 꾸준히 지속해야 한다. 그래야 의미 있는 연구 결과를 얻을 수 있을 것이다. 건설안전연구뿐만 아니라 사망사고 전체를 대상으로 각종 안전활동을 장기간 지속적으로 추진해야 한다. 연간 약 1,000명의 산재 사망사고를 효율적으로 감소시킬 수 있을 것이다.

"우리의 가장 큰 위험은 목표를 너무 높게 잡았다가
실패하는 것이 아니라 너무 낮게 잡고 성공하는 것이다."

- 미켈란젤로 부오나로티(Michelangelo Buonarroti), 이탈리아 건축가 -

4장

세계 최고 안전선진국!
우리도 될 수 있다

3년 안에 건설사망자 90%를 줄이자

"당신이 할 수 있다고 생각하든
할 수 없다고 생각하든 당신이 옳다."

- 헨리 포드, 미국 기업인·공학기술자 -

일본은 약 14년 만에 건설업 사망사고를 80% 줄였다. 일본뿐만 아니라 싱가폴, 영국 등 안전선진국 대부분이 일정 기간 동안에 산재 사망사고를 약 70~80% 감소시켰다. 한국은 각종 사고가 반복해서 발생하는 등 사고 후진국, 사고 공화국이라는 오명을 듣고 있다. 국내 산재사망자는 건설업 중심으로 발생한다. 국내 건설업 사고사망자는 약 500명이다. 세계적 석학이 인정한 위대한 경제성장의 대한민국! 산재 사망사고 감소 달성도 크게 다르지 않다. 3년 안에 건설업 사고사망자를 90% 줄일 수 있다.

세계적인 테마파크 디즈니랜드를 만들고 미키마우스, 도널드 덕 등 다수의 애니메이션을 개발한 월트 디즈니(Walt Disney)는 "꿈꾸는 것이 가능하면 꿈을 실현하는 것도 가능하다"라고 말하며 꿈을 현실로 이루었다. 꿈을 꿀 수 있다면 현실이 될 수 있다. 건설사망자 90% 감소의 꿈, 3년 안에 건설업 사고사망자를 약 500명에서 약 50명 이하로 줄이는 꿈은 건설 현장, 기업체, 정부, 학계, 재해예방기관 등 안전관계자 모두 함께 꿈을 꾸며 공감대를 형성할 수 있으면 안 될 것도 없다.

첫째, 작업별 위험 정보 뱅크를 운영하자. 위험을 제대로 알면 사고를 막을 수 있다. 위험은 작업별, 직종별, 장비별, 기계·공구별, 가설재별, 세부 공종별로 각기 다르다. 사고 사례별로 위험 정보가 있다. 과거 발생한 사고 사례를 토대로 '작업별 핵심 위험 정보'를 선정해 '작업별 위험 정보 뱅크'를 운영하자. 작업자가 작업 전에 위험 정보를 확인할 수 있다면 사고를 면할 수 있다.

- 작업별 위험 정보 뱅크 운영으로 작업별 위험 정보 공개
- 사업장 관계자는 작업자에게 작업별 위험 정보 적시에 제공
- 작업자는 작업 전에 핵심 위험 정보를 확인

둘째, 위험 정보는 쉽고, 명확하게 간단한 용어를 사용하자. 나는 어느 사업장에서 안전게시판에 게시된 12개의 안전수칙을 볼 수 있었다. 사업장의 안전팀장에게 12개 안전수칙을 말할 수 있는지를 물었다. 안전팀장은 7~8개 이상의 안전수칙을 기억하지 못했다. 안전사업의 일환으로 업종별 안전수칙 10계명을 정해서 홍보물로 만들어 전국 사업장에 배포했었다. 그러나 안전수칙 10계명을 모두 기억하는 사람은 많지 않았다. 10계명 전부를 항상 기억하는 것은 어렵다. 안전활동이 현장성 없이 계획되고 추진되는 경우가 있다. 안전활동은 현장에서 즉시

적용할 수 있어야 한다.

위험 정보에 사용되는 용어는 전달력과 함께 쉽게 기억할 수 있어야 한다. 현재 안전활동에서 사용되는 용어는 너무 많고, 길고, 어렵고, 복잡하다. 작업자가 알아듣지 못하고 너무 많아 기억하지 못한다. 사고를 막을 수 없다. 사고 방지용어는 쉽고 간단하며 명확해야 한다. 누구나 들으면 즉시 알 수 있는 용어를 사용해야 한다. 12개의 필수 안전수칙, 안전수칙 10계명 등은 그럴 듯해 보이지만 기억할 수 없으니 적용할 수도 없다. 1~3개 이내의 핵심 용어를 사용해야 한다. 짧고 단순해야 활용하고 적용할 수 있다.

> **예시** 건설 사망사고의 95%는 '건설 3대 사망사고'로 인해 발생

① 건설 사망사고는 추락이 60%

　높은 곳 작업 시 추락 방지시설 없으면 추락사고로 죽는다.

　추락사고 방지는 추락 방지시설이다.

　※ 작업발판·안전난간·개구부 덮개·안전줄·안전방망

② 건설 사망사고는 장비사고가 25%

　움직이는 장비에 접근하려면 죽음을 각오해야 한다.

　장비사고 방지는 장비 접근 방지시설이다.

　※ 라바콘, 방책, 적색로프, 적색선 등

③ 건설 사망사고는 머리 손상이 10%

　넘어지거나 쓰러질 때 머리가 먼저 부딪힌다. 안전모 없으면 사망이다. 머리 손상 방지는 안전모 착용이 답이다.

셋째, 건설업 추락과 장비 사망사고 방지에 집중하자. 산재 사망사고 방지를 위한 안전활동은 건설업을 중심으로 해야 한다. 그 이유는 다음과 같다.

- 건설업 근로자는 전 산업의 약 20% 이하임에도 건설업 사망점유율이 50% 이상 발생한다.
- 전 산업 추락사망 중 건설업이 약 75%를 차지, 안전선진국 50%대와 비교해 높다.
  ※ 국내 건설업 추락사망자 점유율이 68%→약 75%로 증가(안전선진국은 감소 추세)
- 건설업 장비 사망사고 점유율이 해마다 증가
  ※ 건설업 중 장비 사망자 점유율이 18%→약 25%로 증가

산재 사망사고를 막으려면 건설업의 추락과 장비 사망사고 방지에 역량을 집중해야 한다.

넷째, 함께하자. 산재 사망사고에 많은 기관과 많은 사람이 관련되어 있다. 사망사고를 대폭 감소시켜야 하는 안전활동을 한 기관에서 추진하는 것은 역부족이다. 함께해야 한다. 각 기관에서 역할을 다해야 사고를 제대로 막을 수 있다. 고용노동부, 안전보건공단, 발주처, 국토교통부, 건설 현장, 건설사 본사, 지자체, 언론사, 학교, 연구소, 가설재 제조업체, 장비업체 등 현장 관련 기관 모두가 함께해야 한다. 산재 사망사고 방지 위원회를 구성하고 지속적인 운영이 필요하다. 또한 관련된 모든 기관의 공감대를 이끌어내야 한다. 그렇게 하기 위해서는 한

기관이 중심 역할을 해야 하는데, 산업재해예방 전문기관, 그중 안전보건공단이 적합해 보인다.

다섯째, 작업 환경을 지속적으로 개선하자. 사고는 비정상적인 작업 환경과 작업에서 발생한다. 작업순서 생략 등 거친 작업 방법, 작업자의 낮은 안전의식, 작업자와 장비가 뒤섞인 작업 등 열악한 작업 환경은 단기간 개선이 어렵다. 건설교통부 등 각 부처의 건설 작업 환경 개선을 위한 중·장기 대책을 수립해야 한다. 구체적인 방안은 다음과 같다.

- 최소 공사비 지급, 최소 공사 기간 제공을 위한 공사 계약 제도 개선
- 안전작업계획서 작성 정상화
    ※ 공사 수행자가 직접 작성
    ※ 현장에서 적용할 수 있는 '안전작업절차서', '가설설계도서' 등으로 작성
- 작업자에게 작업공간과 작업통로 제공 및 확보
- 가설 공사를 정식 공사로 취급(발주 시 가설 공사도면 첨부)
- 안전관리자 역할 정상화(안전활동에 대한 지도, 조언, 건의 등)
- 소규모 건설 현장 최소 1인의 책임자 상주(공사 금액 4,000만 원 이상)
- 높이 3~5m 구간 안전방망 설치
- 산재 취약계층 관리방안 마련(10년 이상 경력자 안전교육 기준, 50대 이상 고령근로자 작업 배치 기준)
- 작업별 3대 필수 안전수칙 마련
- 작업장별 사고 사례 게시
- 비계 선행공법 정착 등

여섯째, 안전점검을 단순화하자. 사망사고 다발 작업에 대한 강도 높은 단속 점검이 필요하다. 사망사고 다발 작업의 안전조치 불이행은 해당 작업 중지 후 개선하고, 개선 후에 작업을 재개하도록 한다. 사망사고와 직접 관련 없는 내용은 개선 기회를 부여 또는 사업장 자율로 개선하도록 한다.

※ 사망사고 다발 항목 : 건설 3대 사망사고 위험
① 추락 위험→추락 방지시설 설치
② 장비사고 위험→장비 접근 방지시설 설치
③ 머리 손상 위험→안전모 착용

근본적인 사고 방지 해법은 기본과 원칙에 충실하는 것이다. 할 것은 하고, 하지 말아야 할 것은 하지 말아야 한다. 그 내용을 다시 정리하면 다음과 같다.

- 위험 정보 뱅크 운영
- 안전용어의 전달력 강화
- 작업 환경과 작업의 정상화
- 건설업 추락과 장비 사망사고 방지에 집중
- 사고 다발 업종과 다발 항목에 집중
- 안전활동의 단순화
- 지속적으로 작업 환경 개선
- 함께 공감대 형성

- 위험 정보 즉시 제공
- 가설 공사를 정식 공사로 인정하는 인식의 변화 등

지금까지의 분야별 비정상적 항목을 정상화하고, 기관별 공감대 형성과 함께 기본과 원칙에 충실하다면 3년 안에 건설 사망사고 90% 감소는 현실이 될 것이다.

'사망사고 방지 위원회'를 구성하자

*"빨리 가려면 혼자 가고,
멀리 가려면 함께 가라."*

– 아프리카 코사족(Xhosa)의 속담 –

협력하고, 함께해야 한다

《로마인 이야기》에는 이런 이야기가 있다. 로마시대 폼페이우스 황제는 모든 사람에게 성대한 잔치를 베풀겠다고 선포했다. 가난하든 부자든 참석한 사람은 누구나 마음껏 음식을 먹고, 선물도 푸짐하게 받을 것이라 했다. 이 소식을 들은 가난한 두 사람이 있었다. 절름발이와 소경이었다. 소경이 말했다. "우리 둘은 팔자가 더럽군. 황제께서 베푸는 잔치에 갈 수 없으니 어쩌면 좋은가?" 그러자 절름발이가 "내게 좋은 생각이 있어. 난 절름발이고, 몸이 약해서 멀리 갈 수 없지. 그러나 볼 수는 있어. 그리고 넌 소경이라 볼 수는 없지만, 몸은 튼튼해. 네가 나를 등에 업고 간다면 나는 바른길을 알려줄 수 있지. 그러면 우리 둘 다

잔치에 참석할 수 있을 거야." 둘은 잔치에 참석했고, 실컷 먹고 선물도 잔뜩 받았다.

어떤 일을 추진할 때 어느 한 기관, 어느 한 사람이 열심히 한다고 효율적으로 달성할 수는 없다. 관계기관이나 관계자와 함께해야 한다. 기존의 '작은 나'를 버리고 '큰 우리'가 되어야 한다.

내가 산업안전보건연구원으로 근무할 때 국토교통부 건설안전정책 책임자에게서 전화가 걸려왔다. 내가 연구 결과 발표한 〈국내 소규모 건설 재해 증가 원인에 대한 진단과 해법〉에 대해 질문하기 위해서였다. 전화상의 내 답변에도 전화 통화로는 한계가 있으니 국토교통부로 방문해줄 것을 요청했다. 나는 "본부와 협의 후 연락하겠다"며 통화를 마쳤다. 본부 의견은 "산업안전보건연구원에서 단독으로 타 부처와 대화 및 협의는 지양하는 것이 좋을 듯하다" "공단 본부 및 고용부 본부 책임자와 함께 국토교통부를 방문해 답변하는 것이 좋겠다"는 답변이었다. 방문 일정을 협의 중 결국은 국토교통부 방문은 무산되었다. 그 후 국토교통부 건설안전정책 책임자의 방문 요청이 추가로 있었지만, 전화와 이메일로 답변을 대신했다.

산업재해 관련 정부 부처는 고용노동부를 시작으로 기획재정부, 건설교통부, 산업자원부 등 많은 부처가 있고, 산하기관을 포함하면 협의해야 할 대상이 더 많다. 관련된 법규도 많다. 효율적인 산업 사망사고 감소를 위해서는 함께하는 것이 보다 좋을 듯하다. 부처별 각자 나름의 정책 방향이 있기 때문에 다소 입장 차이가 있는 듯하다. 함께해 서로가 잘되고자 하는 발전된 의식이 필요하다. 산재 사망사고 감소를 위해

30년 동안 많은 안전사업을 추진했음에도 사망사고감소는 안전선진국과 같이 만족할 만한 수준은 아니라고 생각한다. 안전보건공단의 노력만으로 산재 사망사고는 막는 데 한계가 있는 듯하다. 정부 각 부처는 물론 지자체, 학계 등 관계기관과 관계자들의 관심과 협조가 필요하다. 함께해야 한다.

내가 ○○지역 부서장 재직 시 전국 '사고 방지 대책 회의'가 있었다. 회의 주제는 '효율적 산재 사망사고 방지 및 감소 대책'이었다. 회의가 진행되자 회의 내용은 점차로 기관별 예산 불충분, 인원 부족, 불필요한 행정 등 기관별 애로사항으로 채워졌다. 참석자 대부분 '사망사고 방지'에 대한 의욕보다는 안전사업 추진에 따른 어려움과 장애물이 더 큰 부담으로 다가오는 듯했다. 사고 방지 활동에 참여하는 재해예방기관과 기관별 기술지도위원들의 산재 사망사고를 막고자 하는 동기부여와 공감대 형성이 우선 필요한 듯 보인다.

사고는 복합적인 요인으로 발생한다. 사고 발생은 발주자, 설계자, 시공자, 전문업체, 감리·감독자, 안전보건공단, 고용노동부, 국토교통부, 기획재정부, 교육부, 지자체 인·허가 담당, 가설재 제조·임대업체, 연구소·학교 등 많은 기관과 사람들에게 직·간접적으로 영향을 받는다. 발주 시 적정 공사비와 적정 공사 기간, 감리자의 작업 과정에서의 안전조치 확인, 설계자의 안전설계, 시공자의 안전작업 방법 선정 및 안전활동, 안전정책, 안전사업, 안전예산 확보, 적절한 안전조직, 학교 안전교육 커리큘럼 반영, 업체의 안전공법 선택, 지자체의 인·허가 시 안전조건 반영, 연구소의 안전연구 등 많은 기관이 사고와 관련

되어 있다. 사고를 막으려면 관계자들의 관심과 협조가 필수다. 함께해야 하고, 공감대가 있어야 한다. 산재 사망사고 방지위원회 구성과 지속적 운영이 필요한 이유다. 사고와 관련된 다음의 모든 기관이 참여하는 위원회를 구성·운영하는 것이 필요하다.

- 고용노동부, 국토교통부 등 안전정책 기관 및 안전보건공단
- 교육부, 대학, 연구원 등 학계
- 기업체, 건설 현장, 가설재 생산·임대업체 등 업체 관계자
- 도로공사, 토지주택공사, 한국전력, 수자원공사 등 발주자

위원회는 각 기관의 현장 전문가로 구성하고 지속적으로 운영해야 한다. 사고 핵심 원인과 사고 방지 맞춤형 대책을 논의해야 한다. 그 내용은 다음과 같다.

- 산재 사망사고 근본 원인 도출 및 공감대 형성
- 사고를 유발하는 잘못된 제도와 개선 방안
- 각 부처·기관의 사고 방지 및 제도 개선 역할
- 산재 사망사고 방지 아이디어 도출
- 작업장의 안전문화 형성 방안

일본에서는 '건설업 추락 방지위원회'의 운영으로 추락사망자를 획기적으로 감소시킨 사례가 있다. 우리도 '사망사고 방지위원회'를 구성해 사망사고가 획기적으로 감소할 때까지 지속적으로 운영해야 한다.

'1+1=2'가 아니다. 4도 될 수 있고 20도 될 수 있다. 그러므로 사고 방지는 함께해야 한다. 사망사고 방지위원회를 구성하고 운영하자.

건설업 사망사고부터 막자

**"우리의 최대 약점은 포기다.
확실한 성공 비결은 한 번 더 시도하는 데 있다."**

— 에디슨(Thomas Edison), 미국 발명가 —

사망사고 방지 해법은 안전시설 설치!

안전보건공단에서 '사망사고 반으로 줄이기'를 주제로 전국 건설안전부장 회의가 있었다. 2018년은 '5년 내 3대 악성 사망사고[26] 반으로 줄이기' 원년으로, 그 어느 때보다 산재 사망사고 방지에 관심이 많았다. 안전보건공단은 안전사업 지침을 변경해 사망사고를 감소시키려 했으나 사고는 오히려 증가했다. '사망사고 반으로 줄이기' 첫해인 만큼 안전사업 효과가 즉시 나타나지 않고, 시행착오도 있을 수 있다. 변경된 안전사업지침에 대해 다음과 같이 문제점 개선을 제안했다.

---

26. 국가 안전정책으로 2018~2022년 5년간 산재 사망사고, 자살. 교통 사망사고 등 3대 사망사고를 반으로 줄이자는 것이다.

사업대상을 강관 비계 설치현장으로 한정한 안전사업 지침은 개선이 필요하다. 건설업 사망사고 중 비계 관련 사망사고는 일부에 불과하다. 비계가 없는 건설 현장도 안전사업에 포함해야 한다. 건설업 사망사고의 약 60%가 추락이고 추락 사망사고는 이동식사다리, 비계, 바닥단부·구조물 등에서 발생한다. 건설업 사망사고 중 비계 사망은 일부다. 사망사고가 다발하는 중소규모 건설 현장 전체를 대상으로 안전사업을 추진해야 한다.

관내 사업장 중 금년 사업대상(비계 현장)에서 제외된 경사 지붕 현장에서 추락 사망자가 매년 발생한다. 안전지킴이사업 지침 변경으로 경사 지붕 현장은 기술지원을 하지 않는다. 건설 현장 관계자들 사이에 '비계를 설치하지 않은 현장은 안전점검을 하지 않는다'는 소문이 퍼짐에 따라 안전시설 설치를 회피하고 있다. 점검 대상에서 제외된 경사 지붕 현장에서 금년에도 추락 사망자가 발생했다.

중소 규모 건설 현장은 자율적인 안전조치를 기대하기 어렵다. 공단 안전점검으로으로 중소 규모 건설 현장에서 타율적이나마 설치했던 안전난간 등 추락 방지시설을 공단 사업지침 변경으로 그마저도 설치하지 않는 경향이 있다. 지침 변경으로 공단 점검에서 제외된 건설 현장에서 안전시설 미설치로 추락 위험이 높아지고 있다. 추락 위험 현장 전부를 안전사업대상으로 해야 한다.

얼마 후에 사업지침을 개선했다.

첫째, 사망사고를 막으려면 전체를 보는 안목이 필요하다. 사고 사례, 현장 환경, 작업자 특성, 작업 내용 등 사고와 관련된 모든 것을 말이다. 당장 눈앞에 보이는 것에 매몰되면 곤란하다. 하늘 높은 곳에서 서서히 날면서 산 전체를 예리한 눈으로 응시하고 있다가 목적물을 발견하면 쏜살같이 날아서 먹이를 낚아채는 매의 시각으로 사고 전체를 볼 수 있어야 한다. 그래야 사고의 핵심이 비로소 보이게 된다.

둘째, 안전활동에는 유연성이 있어야 한다. 문제점이 발견되면 즉시 개선해야 한다. 사고로 죽어가는 생명은 우리의 안전활동을 기다려주지 않는다.

셋째, 안전사업은 사고의 특성과 패턴을 토대로 추진해야 한다. 산재 사망사고의 60%가 건설업에서 발생한다. 안전사업은 건설업을 중심으로 추진해야 한다. 건설업 작업자는 전 산업의 15%에 불과하나 사망자는 전 산업의 60%이다. 최근 10년간 전 산업 대비 건설업 작업자는 점차 감소하나 건설업 사고사망자 점유율은 큰 차이가 없다. 건설업 사망사고 비중은 더욱 증가할 것이다. 따라서 건설사고 방지 활동에 더욱더 집중해야 한다.

영국, 미국, 일본 등 안전선진국은 전 산업의 추락 사망사고 중 건설업이 약 50%대를 차지한다. 일본은 과거 68%를 차지했던 건설업 추락 사망사고 점유율이 55%로 대폭 완화되면서 건설업 사망자가 약 80% 감소했다. 국내에서는 10년 전 약 68%였던 건설업의 추락사망 점유율은 75%로 오히려 증가하고 있다. 안전정책과 안전사업, 기업체의 안전활동에도 산업재해는 더욱 후진국형으로 발생하고 있다. 추락 사망사고, 동일 형태 반복사고 등 후진국형 사고가 지속적으로 발생하는 것

건설업 근로자 수 점유율 감소			
연도	전 산업 (천 명)	건설업 (천 명)	점유율 (%)
2009	13,884	3,206	23%
2010	14,198	3,200	23%
2011	14,362	3,087	21%
2012	15,548	2,786	18%
2013	15,449	2,566	17%
2014	17,062	3,249	19%
2015	17,963	3,358	19%
2016	18,431	3,152	17%
2017	18,560	3,046	16%
2018	19,073	2,943	15%

건설업 사고 사망자 수 점유율 증가			
연도	전 산업 (명)	건설업 (명)	점유율 (%)
2009	1,136	559	49%
2010	1,114	556	50%
2011	1,129	577	51%
2012	1,134	461	41%
2013	1,090	516	47%
2014	992	434	44%
2015	955	437	46%
2016	969	499	51%
2017	964	506	52%
2018	971	485	50%

2009~2013에는 건설사고 사망자수를 발표하지 않아 건설사망자에서 건설질병자를 제외한 수로서 실제는 차이가 있을 수 있다.

출처 : 고용노동부 산업재해현황 분석(2009~2018)

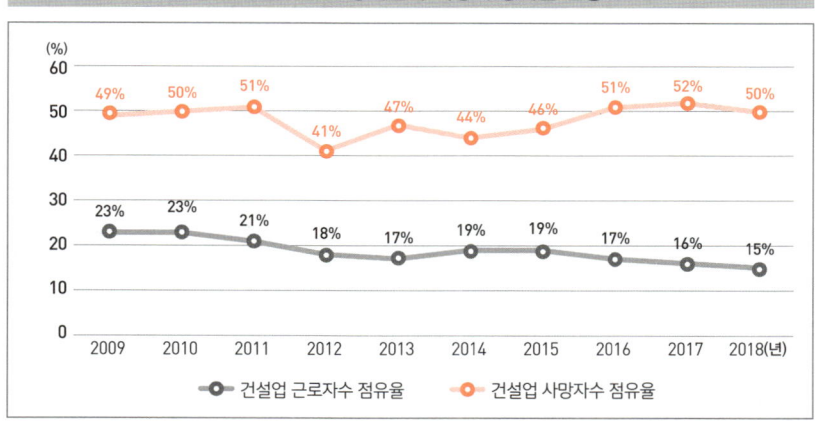

출처 : 고용노동부 산업재해현황 분석(2009~2018)

은 안전활동이 현장에서 제대로 작동하지 않음을 뜻하는 것이다. 사망사고 및 작업 환경 실태를 정확하게 파악하고 핵심 안전대책을 찾아서 신속히 실행해야 한다. 산재 사망사고를 막기 위한 안전활동은 건설업의 추락사고와 장비사고 중심으로 추진해야 한다.

첫째, 추락 사망사고 방지 해법은 결국 추락 방지시설 설치다. 추락사고는 높은 장소에서 몸이 중심을 잃고 바닥 단부 또는 개구부를 통해 떨어지면서 발생하며 추락자의 신체가 바닥과 충돌해 대부분 사망한다. 추락사고 방지를 위해 안전점검, 안전교육 등 많은 안전활동을 실시해도 추락 방지시설을 설치하지 않으면 추락사고를 막을 수 없다. 추락사고를 막는 근본적이며 가장 좋은 방법은 1차 추락 방지시설이다. 안전은 작업 환경에 막대한 영향을 받는다. 일본, 영국 등 안전선진국의 현장은 충분한 작업통로·작업공간 확보, 적정 공사기간과 공사비 등 안전한 작업 환경으로 1차 추락 방지시설로 추락 방지가 가능하다. 국내 건설 작업의 환경은 열악해 1차 추락 방지시설로만 추락 사망사고를 막기에는 역부족이다. 국내 건설 현장의 작업 환경은 공기 단축, 공사비 절감, 재하청 계약, 중국 교포(조선족)와 외국인 작업자의 낮은 안전의식 등으로 인해 거칠고 열악하다.

안전 사각지대인 소규모 건설 현장

중대형 현장에서 높이 10m에 설치된 안전방망

출처 : 산업안전보건연구원 <안전보건연구원 / 국내 건설 환경과 사망 재해 감소 해법>

안전환경이 열악한 소규모 건설 현장은 안전난간 미설치, 작업발판 위 자재 과적치, 안전모 미착용 등 최소한의 안전조치도 하지 않는다. 추락 위험이 높음에도 안전난간은 없다. 안전시스템이 갖추어진 대규모 건설 현장이라도 바닥에서 높이 10m 구간에 낙하와 추락 위험이 있으므로 3~5m 높이에 안전방망을 설치해야 함에도 안전방망을 약 10m 높이에 잘못 설치한다.

안전환경이 열악한 소규모 건설 현장이나 안전시스템이 갖추어진 대규모 건설 현장이나 안전규정을 위반해 추락 위험에 방치되는 것은 마찬가지다. 산업안전보건법에는 다음과 같이 규정하고 있다.

- 낙하사고를 막기 위해 '방망 설치 후 높이 10m 이내마다 방망을 추가 설치'
- 추락사고를 막기 위해 '안전방망은 추락 위험 장소에서 10m를 초과하는 것을 금지'

국내 건설업의 거친 작업 환경이 단기간에 안전하게 개선될 가능성은 별로 없어 보인다. 건설 작업 환경이 개선되기까지 작업자는 추락사고로 계속 죽어갈 것이다. 높은 곳에서 떨어져서 지상 바닥과 충돌하면 대부분 사망이다. 1차 안전시설 설치와 별개로 추락사고자가 지상에 도달되지 않도록 2차 추락 방지시설인 안전방망을 설치해야 한다. 그것이 현실적인 추락 사망사고를 막는 방법이다. 안전방망 설치는 추락과 낙하사고를 동시에 막을 수 있다. 추락 사망사고의 약 56%가 집중 발생하는 바닥에서 높이 3~10m 구간에 추락 방지 조치를 집중해야 한다. 작업에 지장이 없는 최소 높이인 3~5m 구간에 안전방망을 설치해야 한다.

둘째, 장비 사망사고 방지 해법은 장비 접근 방지시설 설치다. 건설 사망사고 중 추락 다음으로 많이 발생하는 것은 건설장비사고다. 건설장비 사망사고는 건설업 사망사고 중 약 25%를 점유한다. 10년 전 건설장비 사망 비율인 약 17%에서 최근 25%까지 증가한 것이다. 건설업의 3D 인식과 인건비 증가 등으로 장비 사용이 더욱 증가함에 따라 건설업에서 건설장비 사망사고는 추락 사망사고와 함께 증가해왔다.

국내 산재 사망사고는 추락 사망사고와 장비사고 점유 비율이 증가되는 등 후진국형으로 심화하고 있다. 건설장비 사용은 더욱 많아질 것이며, 장비 사망사고도 더욱 증가할 것이다. 장비 사망사고 대부분은 건설장비와 사람의 접촉으로 발생한다. 장비와 사람이 충돌 등으로 부딪히면 사람은 사망하게 된다. 장비사고는 장비 운행·작업과 사람 작업·통행을 근본적으로 구분해야 막을 수 있다. 건설장비 작업 전에 장비 접근 방지시설로 근로자의 작업과 장비의 운행을 확실히 구분해야 한다. 접근 방지시설은 안전펜스, 적색로프, 바닥에 적색선 마킹 등 장비의 사용 시간, 작업 내용 등 작업장 작업 상황에 따라 적합하게 설치하면 된다. 장비 접근 방지시설 설치로 건설 사망사고의 약 25%를 막을 수 있다.

건설업 사망자의 약 85%를 차지하는 추락 사망사고와 장비 사망사고를 막는 해법은 추락 방지시설과 장비 접근 방지시설을 설치하는 것이다. 추락과 장비의 안전시설 설치를 위해 모든 역량을 집중해야 한다. 안전사업은 건설업 추락과 장비사고 예방을 향해야 한다.

사고 사례를 게시하자

"성공은 할 수 있다고 믿는 사람에게 찾아오고
실패는 할 수 없다고 믿는 사람에게 찾아온다."

- 샤를 드골 -

잠자고 있는 안전의식을 사고 사례로 깨워라!

나는 대학교 입학 후 분위기에 휩쓸려 담배를 피우기 시작했다. 사회생활의 스트레스, 과중한 업무와 함께 흡연은 계속됐다. 담배를 끊겠다는 생각은 하면서도 무심코 담배를 피우곤 했다. 20년 전에 비로소 금연했다. 수영을 시작했고, 체중 감량과 함께 몸 상태가 좋아졌다. 운동을 하면서 흡연, 과식 등이 몸에 나쁜 영향을 주고 있음을 몸이 먼저 느낀다. 흡연과 과식의 즐거움보다 운동의 즐거움이 더 크다는 것을 몸이 먼저 알아보고 반응했다. 그래서 자연스럽게 금연하게 되었다.

누구나 '담배가 건강에 해롭다'는 것은 잘 안다. 그럼에도 담배를 피운다. 아는 것과 행동하는 것은 다르기 때문이다. 지식이 의식과 무의식을 거쳐 행동이 되고, 습관이 되어야 한다. 그렇게 되기 위해 때로는 경각심을 일으키는 외적 충격이 필요하다. 담배 포장지에 흡연 폐해에 대한 경고 사진·경고 문구가 필요한 이유다. 머리로 아는 지식보다 몸과 마음으로 느끼는 것이 더 강력하다. 직접 보고, 듣고, 느껴야 한다.

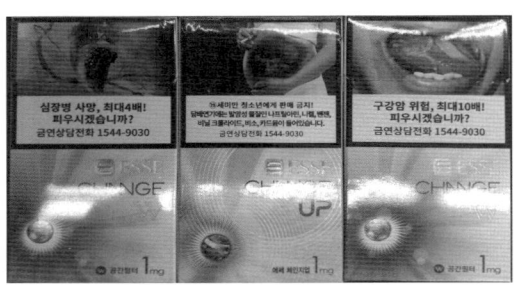

담배 포장의 경고 문구와 사진

산업 현장에서 하루 평균 약 4명씩, 매년 약 1,000명 가까운 작업자가 사고로 죽는다. 국내 건설 현장의 작업 환경은 많이 거칠고 열악하다. 반면에 작업자, 관리자 등 현장 관계자는 대체로 안전의식이 약하다. 위험을 알지 못한 상태로 작업에 투입되어 위험에 무방비로 노출된다. 건설 현장에서는 신규 안전교육, 정기 안전교육 등 각종 안전교육과 안전게시판, 안전표지 등으로 안전지식을 제공한다. 안전계획 수립, 안전점검 등 안전활동을 하고 있음에도 그들의 안전활동을 비웃듯 사고가 발생한다. 안전활동을 열심히 한다고 해서 사고를 막을 수 있는 것이 아니다. 알고 있는 안전수칙을 실천하지 않으면 사고는 발생한다. 실천하지 않는 안전지식은 모르는 것과 같다. 사고는 무관심과 무지를 용서하지 않는다.

안전난간 등 안전시설 설치, 안전모 등 개인 보호구 착용, 안전통로 확보 등 안전을 실천해야 한다는 것은 안전교육을 통해 알고 있음에도 몸은 불안전한 행동을 하고, 위험한 작업을 한다. 안전교육을 통해 위험 정보와 함께 안전수칙을 제공해도 작업자의 행동이 변화하지 않는 것은 몸으로 사고 위험을 느낄 수 없기 때문이다. 그래서 대형사고를 포함한 동일 형태의 사망사고가 반복해 발생하는 것이다. 대부분 작업자들은 TV 등 방송 보도를 통해 수많은 사람이 죽고 다치는 안타까운 사고 뉴스를 보고 들음에도 그 끔찍한 사고가 본인하고는 무관하다고 생각한다. '나는 사고와 무관하다' '수십 년간 동일한 작업을 했음에도 한 번도 사고를 당한 적이 없다. 앞으로도 사고는 없을 것이다'라는 잘못된 생각을 한다.

지식과 행동은 다르다. 안전지식만으로는 사고를 막을 수 없다. 안전지식이 안전행동으로 이어질 수 있는 강력한 무언가가 있어야 한다. 몸과 마음을 움직이게 하는 안전의식이 중요하다. 사고를 막으려면 안전지식과 함께 안전의식이 있어야 한다. 또한 반복되는 사고를 막으려면 작업관리자는 정확한 위험 정보를 제공하고, 작업자는 안전한 작업을 실천해야 한다. 현장의 작업자와 관리자가 함께 안전작업의 필요성을 느껴야 한다.

'백문이 불여일견(百聞不如一見)이다'라는 말처럼 사고 사례를 직접 보여주는 것이 필요하다. 작업자들이 모르고 있을 뿐, 그들이 하는 작업으로 수많은 작업자들이 사고로 죽고 장애자가 되고 있음을 몸으로 직접 느끼고 알게 할 필요가 있다. 사고 사례를 보여줌으로써 경각심과 함께 안전의식을 일깨워야 한다. 물론 이것이 좋은 방법이라고만은 할 수 없지만 때로는 작업자에게 그들과 같은 작업을 진행 중에 죽거나 다쳐서 장애자가 되는 끔찍한 사고 사례를 보여 주는 것은 필요하다. 담배 외부 포장지에 담배로 인해 검게 썩어버린 폐 사진을 보여주듯이 말이다. 작업자가 쉽게 볼 수 있는 작업장 내 장소에 작업 관련 맞춤형 사고 사례와 핵심 안전수칙의 게시가 필요하다. 작업자가 작업 전과 작업 중에 사고 사례를 지속적으로 보게 함으로써 안전한 행동과 안전한 작업의 동기를 줄 수 있다.

그런데도 국내 건설 현장을 포함한 대부분 산업 현장에서 사고 사례를 게시하지 않는 것은 안타까운 일이다. 작업자가 위험을 몸으로 느끼지 않아 안전을 실천하지 않고 있고, 안전을 실천하지 않으니 사고는 반복해서 발생하고 있다는 것을 알아야 한다. 작업자의 행동이 변하지 않으면 수많은 안전활동에도 사고는 반복해서 발생할 수밖에 없다. 사고 사례 게시는 안전한 작업 환경과 안전한 작업을 제공할 것이다.

"지금 당장 할 수 있는 것부터 시작하라.
이 이치를 젊었을 때 알았다면 백 권의 책을 더 썼을 것이다."

- 괴테, 독일 극작가 -

5장

획기적으로 사고를 감소시킨 우수 사례

일본의 비계 선행공법

"신은 행동하지 않은 자를 결코 돕지 않는다."

― 소포클래스(Sophocles), 그리스 극작가 ―

2012년 4월 여의도에서 '국제 건설 사망사고 감소 세미나'가 개최되었다. 일본 노동안전 위생종합연구소의 건설안전연구소장의 발표가 있었다. '일본의 건설업 추락사고 방지 활동'에 대한 내용이었다. 나는 '국

건설 현장 사망자 방지 토론회

내 건설 현장 작업발판 실태 조사'를 주제로 발표했다.

일본 건설안전연구소장의 발표에 의하면 "일본 정부는 '건설업 추락 사망사고 방지' 중심의 '5년 단위 산업재해방지계획'을 수립해서 지속적으로 추진한다." 또한 "일본 정부는 지속적인 안전정책 추진으로 약 14년 동안 소규모 건축 현장 추락 사망자를 약 80% 감소시켰다"고 한다. 다음은 일본의 주요 안전정책 몇 가지다.

- 높이 10m 이하 소규모 건설 현장의 비계[27] 선행공법
- 비계 작업 시 안전난간 선행공법
- 비계 추락 방지 조사위원회 운영 등

일본의 소규모 건축공사는 목조 공법을 적용하는데, 목조 건축공사에는 이동식사다리가 많이 사용된다. 고소 작업 시 작업발판에서 작업을 해야 하지만, 작업의 편리성을 위하여 이동식사다리를 딛고 작업을 한다. 그래서 일본에서는 소규모 목조 건축 현장에서 추락 사망사고가 많이 발생했다고 한다. 이동식사다리는 낮은 장소에서 높은 장소로 이동할 때 사용하는 이동 통로일 뿐이다. 이동식사다리를 작업발판의 용도로 사용할 때, 발바닥 길이가 약 260cm 내외인 작업자의 두 발이 폭이 약 5cm인 사다리를 딛게 되므로 몸의 중심을 잡기 어려워 추락사고가 발생하게 된다. 추락사고는 대부분 사망으로 이어진다.

작업발판은 먼저 설치한 비계 위에 설치하고, 비계는 건설구조물이

---

27. 높은 곳에서 일할 수 있도록 설치하는 가설 구조물로 작업발판을 지지한다.

축조된 후에 그 건설구조물 벽체에 벽 이음으로 지지해 설치한다. 일본의 건설안전연구소장에 따르면 '일본 소규모 목조 건축 현장의 추락사고는 비계와 작업발판을 설치하기 전에 주로 발생했다'고 한다. 일본은 비계와 작업발판을 설치하기 전에 발생하는 추락 사망사고를 막으려고 비계와 작업발판을 먼저 설치하는 공법을 개발해서 건설 현장에 적용했는데, 그것이 바로 '비계 선행공법'이다. 비계 선행공법은 구조물을 설치하기 전에 벽 이음 없이 비계 자체의 구조로 세워져야 하므로 높이 10m 이하의 낮은 건축공사에 적용되었다. 일본의 건설안전연구소장은 "비계 선행공법을 적용한 소규모 목조건축 현장의 추락 사망사고는 현저히 감소되었다"고 한다.

 다음 '일본 건설노동재해방지협회 비계 선행공법에 관한 가이드라인(2011. 10)'의 그래프를 보면 일본의 소규모 건축 현장의 사망자는 1995년부터 2008년까지 약 14년간 약 80% 감소했다. 사망사고가 다발하는 소규모 건축 현장의 획기적인 추락 사망자 감소 영향으로 건설

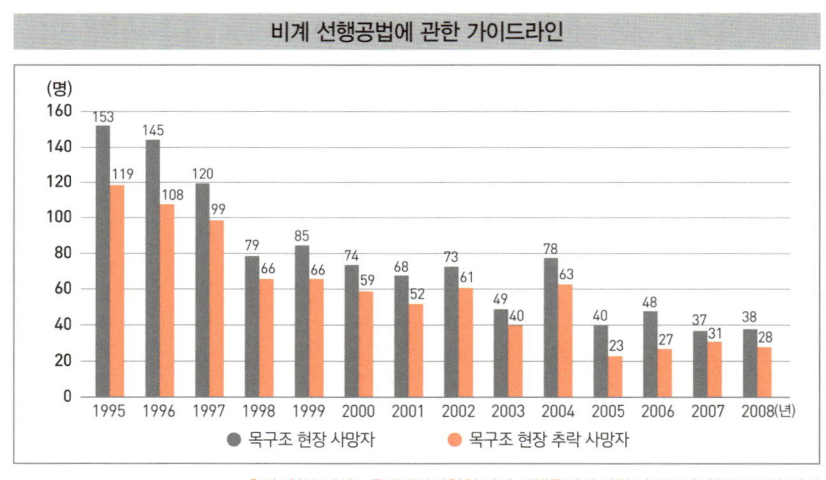

출처: 일본 건설노동재해방지협회 비계 선행공법에 관한 가이드라인(2011.10) 각색

사망사고를 비롯해 전 산업 사망사고가 감소했다.

일본 건설안전연구소장의 발표에 따르면, 일본에서는 소규모 건축 현장에 적용한 '비계 선행공법'에 이어서 비계 건립 작업을 할 때 발생하는 추락사고를 원천적으로 막으려고 '안전난간 선행공법'을 적용했다고 한다. 통상적으로 작업발판을 먼저 설치 후 그 발판 단부에 안전난간을 설치한다. 추락사고는 안전난간 설치 전에 발생한다. '안전난간 선행공법'이란 작업발판을 설치하기 전에 추락사고를 막기 위해 안전난간을 먼저 설치하는 공법을 말한다.

일본 도쿄의 스카이 트리(634m)는 세계에서 가장 높은 자립식 전파탑이다. 건축물 중에는 아랍에미리트 두바이 부르즈 할리파(828m) 다음으로 세계 2위 높이다. 이 빌딩은 2008년에 착공, 2012년 완공한 빌딩이다. 이 빌딩의 건설 공사 시 '안전난간 선행공법'을 적용했다고 한다.

주요 국가의 10만 명당 건설사망자 감소 비율을 보면 일본과 영국 등 안전선진국은 지속적으로 감소한 것으로 나타났다. 건설사망자가 지속적으로 감소한 이유는 일관성 있는 안전정책을 관계 기관과 함께 지속적으로 추진했기 때문이다. 이들 국가에서 했으면 우리도 할 수 있다.

산재 사망사고는 건설업이 주도하고 있다. 건설 공사는 작업 특성상 다음과 같이 다양한 종류의 위험이 항상 존재한다.

- 외부 작업으로 악천후의 영향을 받는다.
- 한 장소에서 많은 작업을 동시에 수행해 각종 위험이 발생한다.
- 소속이 다른 작업자가 함께해 의사소통이 원활하지 않다.
- 작업 환경이 변화함에 따라 다양한 위험이 발생한다. 일관성 있는

안전관리가 어렵다.
- 작업자는 이동하면서 작업을 한다. 체계적인 안전조치가 어렵다.

건설 공사는 특수한 작업 환경으로 다양한 위험이 항상 존재한다. 산재 사망사고 방지활동은 건설업을 중심으로 해야 하는 이유다. 일본에서는 건설업 사망자 점유율이 낮아지고 있다. 전 산업 사망자 중 건설업 사망자가 차지하는 비율이 점차로 낮아지고 있다. 일본 건설안전연구소장의 발표에 따르면 1988년 약 42%에서 2011년에는 34%로 낮아졌다고 한다.

산재 사망사고를 주도하는 건설업 사망사고가 대부분 추락에 의해 발생함에 따라 안전정책 및 안전사업을 건설업 추락사고 방지에 집중해야 한다. 일본에서는 건설업 추락 사망자의 점유율도 낮아지고 있는데, 전 산업 추락 사망자 중 건설업 추락 사망자가 차지하는 비율이 낮아지고 있는 것이다. 일본 건설안전연구소장의 발표에 따르면 일본 건설업의 추락 사망자 점유율이 과거 약 67%에서 2011년에는 56%로 낮아졌다고 한다. 일본의 안전정책 등 각종 안전활동을 건설업 추락사고 방지에 집중해 추진한 결과다. 일본은 추락 사망방지 위원회 운영 등 일관성 있는 안전정책으로 추락을 중심으로 건설사망자가 꾸준히 감소했다.

국내에서는 2022년까지 사망사고 절반으로 줄이기를 정부 안전정책으로 추진하고 있다. 일본의 이와 같은 안전활동을 참조해 벤치마킹할 필요가 있다. 건설업 안전활동을 위한 연구, 조직, 인원, 예산 투입을 확대할 필요가 있다.

안전선진국의 산업재해에는 특성이 있다.

- 후진국형, 재래형, 반복적 사고가 감소한다.
- 건설업 사망자 점유 비율이 감소한다.
- 추락 사망자 비율이 감소한다.

일본의 산재 사망사고는 안전선진국형으로 개선되어 왔다. 비계 선행공법, 안전난간 선행공법, 추락방지위원회 운영 등 일본의 사례는 작업 환경, 사고 특성을 고려해 결정된 것이다. 일본의 소규모 건축 현장은 목조가 많지만, 국내 소규모 건축 현장은 철근콘크리트조, 철골조 등이 혼합해 건설된다. 큰 틀에서 보면 일본을 참조하되 세부 안전활동은 국내 건설 환경, 특성, 산업 사망사고 패턴을 충분히 고려해 결정해야 한다. 안전선진국의 안전활동을 벤치마킹하되, 국내 산업 환경, 사고 특성을 감안한 안전정책 및 안전사업을 추진해야 한다.

건설 안전패트롤

"작은 성공부터 시작하라. 성공에 익숙해지면
무슨 목표든 자신감이 생긴다."

– 데일 카네기(Dale Carnegie), 미국 작가 –

사망사고 줄이기는 '목표를 정확히 하는 것'에서부터 시작해야 한다. 어느 날, 정부 부처의 안전정책 책임자로부터 전화가 왔다. '건설사망자 감소 결의대회'에서 내가 주제 발표한 〈국내 건설업 특성과 사망 재해 감소 해법〉에 대한 내용과 내가 기고한 언론 보도에 대한 문의였다. 나는 다음의 의견을 피력했다.

"지금의 안전활동으로는 사망사고 감소에 한계가 있다."
"산재사망자를 효과적으로 감소시키기에 한계가 있다."
"30년간 추진한 안전활동이 안전선진국처럼 사망사고를 대폭 감소시키지 못했다."
"안전활동 방향을 명확히 해야 한다."

"5년간 산재사망자를 절반 줄인다는 목표와 안전활동 방향을 일치시킬 필요가 있다."

"세부 안전활동별로 사망자 감소 역할을 명확히 해야 한다."

며칠 후 그 ○○부의 본부로부터 다음 주 '사망 재해감소 전문가 대책회의'를 개최하니 참석해달라는 요청이 왔다. 안전보건공단, 대학교수, 안전학회 임원, 재해예방전문기관 대표, 건설업체 본사 임원 등 각 분야 전문가가 참석했다.

회의는 ○○부 안전정책 방향 발표로 시작했다. ○○부 3명이 분야별로 각각 10분씩 발표했다. 발표 후 ○○부에서 "공단의 발표를 먼저 듣는 것이 좋겠다"며 내가 준비한 내용을 먼저 발표할 것을 요청했다. 나는 약 30분간 다음과 같이 준비된 자료로 '현 안전활동의 문제와 한계', '사망사고 감소 대책' 등에 대해 평소 의견을 피력했다.

첫째, 한국은 '사고 후진국'이다. 산재사망자가 후진국형으로 발생하기 때문이다. 사고 후진국형 산업재해는 발생했던 사고가 계속 반복해서 발생하는 등 단순, 반복, 재래형으로 발생한다. 국내 안전활동은 일관성과 방향성이 미흡하다. 더욱 안타까운 것은 한국의 후진국형 산재 특성이 점점 심화되고 있다는 것이다. 대표적인 후진국형 산재인 건설업 추락사망자 수 점유율이 더욱 높아지고 있다. 전 산업 추락 사망자 수 중 건설업이 차지하는 비율이 과거 68%에서 최근 75%까지 증가했다. 안전선진국은 대부분 약 50%대로 발생하는 실정이다(일본:68→55% 감소, 미국:52%, 영

국:51% 등).

둘째, 안전활동의 현장 작동성이 없거나 미약하다. 안전활동은 산재 사망사고 방지 중심으로 획기적으로 개편해야 한다. 사망사고 방지 의지와 역량을 강화해야 한다. 안전사업이 2022년까지 사망사고를 반으로 줄이자는 목표와 일치하도록 해야 한다. 5년간 사망사고를 반으로 줄이자는 로드맵을 명확히 해야 한다. 사망사고 방지와 직접 관련 없는 안전사업은 당분간 보류하는 것이 좋을 듯하다.

셋째, 사망사고를 막기 위한 안전점검의 방법을 개선할 필요가 있다.

- 점검항목이 많다. 백화점식이다. 모든 것을 다하려고 하면 안 된다.
- 점검항목이 많아서 사업장의 안전조치 공감대 형성이 어렵다.
- 안전서류 및 행정 확인 중심을 지양하고 안전시설 설치 등 직접적인 안전조치 확인 중심으로 해야 한다.
- 안전점검의 사망사고를 막고자 하는 핵심 타깃을 명확히 해야 한다.
- 안전점검은 단순·명확해야 한다. 그래야 사업장 관계자의 안전조치 동참을 유도할 수 있다.
- 안전점검 핵심 타깃 중심으로 명확하고 강하게 실시해야 한다.
- 안전점검 핵심 타깃은 추락 방지시설, 장비접근 방지시설, 안전모 착용 등 '건설 3대 핵심 안전조치' 확인 중심으로 해야 한다.
※ '건설 3대 핵심 안전조치' 불이행으로 건설 사망사고의 약 95%가 발생한다.

- '건설 3대 핵심 안전조치'를 불이행할 때 즉시 작업 중지, 과태료 부과 등 강력한 행정조치가 필요하다.

넷째, 사고 방지 용어의 선택이 중요하다.
- 위험 정보·안전정보가 어렵고, 복잡하며, 길고, 많다.
- 위험 정보·안전정보는 생과 사를 가르는 즉시 행동 중심의 용어여야 한다. 쉽고, 간단하며, 짧고, 명확해야 한다.

다섯째, 안전관계자의 안전의식이 낮다. 안전교육 등으로 안전의식을 높여야 한다. 사고에 관심이 없고 위험에 무지한 상태에서 실적을 위한 잘못된 안전활동을 한다.
- 사고 발생 시 '사고 방지는 어렵다', '사고발생은 어쩔 수 없다' 등 잘못된 인식이 팽배하다.

여섯째, 안전역량을 효율적으로 개선해야 한다.
- 건설업에서 사망자가 50% 이상 집중 발생함에도 건설안전사업에 소요되는 예산과 인력은 부족하다.
- 건설업의 추락, 장비 사망사고 방지사업에 예산과 인력 및 조직을 늘릴 필요가 있다.

일곱째, 안전사업, 안전활동의 핵심목표는 '작업통로·작업공간 확보'여야 한다.
- 사고는 작업공간과 작업통로의 부적합으로 발생하기 때문이다. 작업장에는 작업공간과 작업통로가 반드시 확보되어야 하나 현장관계자 대부분은 작업공간 및 작업통로 확보에 무관심하다. 작업공간과 작업통로가 부적합하다.
- 건설 현장은 작업통로가 없거나 협소하다. 작업장의 작업공간

과 작업통로가 없거나 부족한 상태로 작업을 할 수밖에 없다. 비정상적인 작업으로 결국은 사망사고가 발생한다.
 - 작업계획 수립자, 안전사업계획 수립자, 안전점검 수행자, 발주자, 시공자, 감리 감독자, 현장 관계자, 작업자 등 모두 함께 작업공간과 작업통로 확보를 위해 노력해야 한다.

전문가 대책회의 후 공단의 많은 사업이 잠정 중지되었다. 중지된 인력은 건설안전패트롤 안전점검으로 투입되었다. 그리고 2019년 산재 사망사고는 전 산업의 경우 2018년 971명에서 855명으로 116명 감소(12% 감소)했고, 건설업의 경우 2018년 485명에서 428명으로 57명이 감소(12% 감소)했다.[28] 사망사고는 왜 감소되었을까? 사고 증가의 원인 분석이 중요한 만큼 사고 감소에 대한 원인 분석 또한 중요하다. 나는 안전사업의 불필요한 군살 빼기가 사고 감소에 기여했다고 생각한다. 패트롤 대상을 소규모 건축 현장의 추락으로 집중했기 때문이다.

그러나 패트롤 안전사업에도 일부 아쉬운 부분이 있었다. '작업자의 위험한 행동' 등 사망사고의 핵심이 아닌 것을 점검항목에 포함하지 말아야 한다. 핵심 타깃과 핵심 타깃이 아닌 것을 동일하게 취급하면 핵심 타깃의 집중에 지장을 초래한다. 핵심사업과 그렇지 않은 사업을 동일 수준으로 함께 추진하면 사고를 효율적으로 감소시키는 데 한계가 있다.

안전이론에서 사고는 불안전한 행동이 88%, 불안전한 상태가 10%,

---

28. 고용노동부 산업재해 발생 현황 2018~2019년 참조

천재지변이 2% 등이 원인이 되어 발생한다. 이론은 모든 작업장, 모든 상황에 적용되지는 않는다. 불안전한 상태와 불안전한 행동은 상호 밀접한 관련이 있다. 서로 분리시켜 생각할 수 없다. 불안전한 행동은 불안전한 상태에 영향을 받는다. 모든 작업자는 안전하게 작업하기를 원한다. 사고를 원하는 작업자는 없다. 작업자는 안전시설이 없고, 작업공간이 협소하고, 작업통로가 부족한 불안전한 상태에서도 노임을 받기 위해 불안전한 행동을 감수해야 한다.

사업주는 안전시설, 안전한 작업공간, 안전한 작업통로를 위해 적절한 자금이 있어야 한다. 그러나 최저가 입찰제로 공사비가 부족한 경우가 많다. 본 공사에서 공사비를 줄일 수는 없다. 그래서 예산 절감은 안전시설 및 가설 공사 생략, 작업공간 및 작업통로 축소, 작업 시간 단축 등에서 한다. 사고 위험이 높아진다. 불안전한 상태는 불안전한 행동을 야기한다. 안전이론과 안전문헌에 몰두해 현장을 제대로 보지 못하면 잘못된 안전활동을 할 수밖에 없고 사고는 계속해서 발생한다.

건설업 패트롤 사업에 집중한 것이 효과가 있었지만, 감소폭은 부족하다고 생각한다. 단순, 반복적, 재래형 사고인 후진국 형태의 사망사고는 안전활동을 정상화하면 사망사고가 대폭 줄어야 한다. 고도 비만에서 생활습관 개선으로 체중감량이 많은 것과 같다. 사망자를 더 감소할 수 있도록 해야 한다. 안전사업, 안전활동의 부족한 부분과 현실성이 미흡한 부분을 찾아야 한다. 아직도 개선해야 할 것은 있다. 그 구체적인 방안을 살펴보자.

1. 사망사고 방지 위원회

사망사고 방지를 위해서는 고용노동부, 국토교통부, 학계, 사업장, 안전보건공단 등 모든 관계자의 공감대가 필요하다. 사고 다발 분야와 핵심 안전조치에 집중하고자 하는 공감대 형성을 위한 '사망사고 방지위원회'의 정기적 운영이 도움이 될 것이다. 사망사고 방지위원회의 핵심 타깃은 건설업의 추락 사망사고와 장비 사망사고가 되어야 한다.

※ 사망사고 막아야 한다, 막을 수 있다, 막아 보자!

2. 건설 안전패트롤

- 건설안전패트롤은 사망사고 '3대 핵심 안전조치' 확인 중심으로 해야 한다. 건설 3대 사망사고가 건설업 사망사고의 약 95%를 차지하기 때문이다.

  ① 추락 방지시설 확인(추락 방지시설 : 작업발판·안전난간·안전덮개·안전방망·안전줄 등)→건설업 사망사고의 약 60%가 추락으로 발생
     - 작업공간과 작업통로는 적합한지?

  ② 장비접근 방지시설 확인(장비 접근 방지시설 : 방책, 라바콘, 적색로프, 적색마킹, 펜스 등)→건설업 사망사고의 약 25%가 장비사고로 발생
     - 건설장비 운행로와 작업통로를 구분했는지?

  ③ 안전모 착용 확인(안전모 턱끈까지 착용)→건설업 사망사고의 약 10%가 머리 손상으로 발생

- 건설 안전패트롤 전담 조직 편성, 전담 인력 대폭 증가

- 타 분야 안전사업 진행 중 패트롤 점검은 수시로 조직편성해 수행하는 방식보다는 전담조직으로 편성해서 점검 방법 등 일관성을 유지하는 것이 좋을 듯하다. 전공 중심의 조직편성으로 경험과 정보교류 등으로 시너지 효과를 얻어야 한다.
- 패트롤 사업 대상 목표량은 사망사고 발생량에 상응하게 결정
  - 핵심 사업과 다른 사업을 동일시하면 핵심 사업이 평범해진다.
- 사고가 다발하는 곳에 안전사업이 있어야 한다.
  - 패트롤 대상은 장비별, 세부작업별, 공구별 등 사망사고 수를 분석한 후 그 결과에 따라 결정

3. 유해위험 방지계획서 작성은 공종별에서 대형사고 위험 중심으로 개선
- 건설 3대 대형사고: 붕괴, 도괴, 화학물질 사고
  ① 붕괴 – 흙막이 가시설 붕괴, 거푸집동바리 붕괴, 비계 붕괴, 토사 붕괴 등
  ② 도괴 – 철골 구조물, 크레인, 천공기, 교량 구조물, PC 구조물 등
  ③ 화학물질 사고 – 화재, 폭발, 질식, 중독 등

4. 동종 경력 10년 이상 경력 작업자 대상 특별안전교육 제도화
- 건설업 사고사망자의 약 60% 이상을 점유하는 경력 10년 이상 숙련 작업자 대상 특별 안전교육이 필요하다. 오랜 건설 현장 작업으로 안전불감증이 만연하고 타성에 젖어 사망사고가 집중 발생하는 경력 작업자에게 사고 사례 중심의 특별교육으로 안전의식을 높여야 한다.

5. 50세 이상 고령 작업자 대상 특별안전관리 방안 마련

- 50세 이상 고령 작업자의 사망사고가 건설업 사망사고의 약 50%를 점유한다. 위험인지 능력과 위험대처 능력이 현저히 떨어지는 50세 이상 고령 작업자를 대상으로 고령 작업자의 특성을 고려한 작업 배치 방안을 마련이 필요하다. 위험인지 능력과 위험대처 능력 향상을 위한 교육 프로그램을 마련해 특별안전교육을 실시해야 한다.

6. 3~5m 높이에 안전방망 설치

- 추락 사망사고가 56%로 집중 발생함에도 안전방망을 설치하지 않는 3~10m 구간의 추락 사망사고를 막기 위해 3~5m 높이에 안전방망을 설치하도록 안전규정을 제도화해야 한다.

7. 관리책임자 선임기준 현실화

- 소규모 건설 현장은 1명의 관리자가 다수의 건설 현장 담당하며 관리자가 거래처 방문 등 타 업무를 동시에 수행함에 따라 관리자 없이 작업자 중심으로 작업을 위험하게 진행한다. 소규모 건설 현장은 안전점검, 안전교육, 안전조치 등 '기초안전활동'이 없는 등 위험이 많고 재해가 다발한다.
- 현장관리자가 작업장에 상주토록 관리책임자 선임기준을 안전관리비 편성대상 규모인 공사금액 4,000만 원 이상으로 확대개선하고 현장별로 최소 1명이 상주하도록 해야 한다.

8. 발주자·설계자에게 가설 공사 설계도서 작성 의무, 감리자에게 가설 공사감독 강화

- 붕괴, 도괴, 화학물질 사고(화재·폭발·질식·중독) 등 '건설 3대 대형사고'는 가설 공사 등 주요 위험 작업에 대한 설계도서 없이 공사를 함에 따라 발생한다.
- 공사 발주 당시에 가설 등 주요 위험작업에 대한 설계도서를 계약서류로 해 계약하도록 관계규정을 개정해야 한다.
- 감리자에게 '건설 3대 대형사고' 위험 작업에 대한 관리 권한과 책임을 부여해 작업 과정에서 위험을 확실히 확인하도록 해야 한다.

9. 작업자에게 개인보호구 착용 책임 강화

- 시공자, 발주자·설계자, 감리자 등 안전관리와 더불어 작업장에서 작업을 직접 수행하는 작업자의 안전 책임도 필요하다.
- 작업자 본인을 보호하는 안전모, 안전화는 대부분 작업에서 착용해야 하는 안전복장의 일부가 되었다. 작업자 각자가 의무적으로 지참하고 착용하도록 할 필요가 있다. 개인보호구 미착용 작업자에 대한 과태료 부과 등 책임을 강화해야 한다.

안전활동은 핵심 타깃 중심으로 단순, 짧고, 명확하게, 쉽게!

○○○기관의 4년간 증가한 사망자 수 감소

"오늘은 어제 생각한 결과다.
내일은 오늘 무슨 생각을 하는가에 달렸다.
실패한 사람들의 생각은 생존에,
성공한 사람들의 생각은 발전에 집중되어 있다."

— 존 멕스웰(John C. Maxwell) 목사 —

나는 산재 사망사고 반으로 줄이기가 추진되는 어느 날, ○○○지역 부서장으로 부임했다. 이곳의 관내 사업장은 대체로 열악하다. 영세소규모 사업장이 많다. 관내인 ○○ 지방노동지청은 불법 외국인 노동자 자진신고 시 전국 지방노동지청 중 최상위를 차지할 정도로 관내 사업장은 열악하다.

거푸집 동바리 붕괴사고, 터미널 대형 화재사고, 지하철공사 가스폭발사고, 타워크레인 붕괴사고 연속 발생, 발전소 가스폭발사고 등 ○○○ 관내에서 대형사고가 빈번히 발생한다. 관내 건설 사망자 수가 최근 4년 연속 증가했다.

　독일의 천재 물리학자 아인슈타인은 "우리가 만난 중요 문제들은 문제를 발생시킨 당시의 수준으로 그 문제를 해결할 수 없다"고 말했다. 나는 지금까지의 안전활동으로 사고를 잘 막을 수도 사고를 효과적으로 감소시킬 수도 없다고 생각했다. 매년 증가만 하는 관내 건설업 사망사고를 제대로 막으려면 기존의 틀을 벗어난 새로운 방식의 안전사업 추진이 필요했다. 목표가 분명하지 않으면 목표를 달성할 수 없다고 생각했다. 건설사고 방지 타깃을 분명히 했다. 함께해야 할 공동의 목표를 정하고 공유하는 것이 필요했다. 위험을 볼 수 없으면 사고를 막을 수 없다. 사고 발생 형태는 추락, 낙하, 감전, 질식, 중독, 화재, 폭발, 충돌, 협착, 붕괴 등 그 종류가 다양하다. 사고를 효율적으로 막으려면 이 모든 사고를 아우를 수 있는 핵심 타깃 선정이 필요했다. 건설 안전사업의 핵심 타깃은 '건설 3대 사고' 방지다. 다음은 내가 산업안전보건연구원 근무 당시 산재사고 통계 분석에서 나타난 결과다.

- 건설업 사고는 '건설 3대 사고'로 발생한다.
- '건설 3대 사고'는 '건설 3대 사망사고'와 '건설 3대 대형사고'로 발생된다.
- 산재사고 통계는 10년 동안이나 1년 동안이나, 전국이나 한 지역이나 대부분 유사한 패턴과 특성을 보인다.
- 건설 사망사고의 95% 이상이 '건설 3대 사망사고'로 발생
    ① 추락 사망 : 60%
    ② 건설장비 사망 : 25%
    ③ 머리 손상 사망 : 10%
- 건설 대형사고 대부분은 '건설 3대 대형사고'로 발생
    ① 붕괴[29] : 거푸집동바리 붕괴, 흙막이 붕괴, 비계 붕괴 등
    ② 도괴[30] : 크레인 도괴, 철골 도괴, 천공기 도괴, PC구조물 도괴 등
    ③ 화학물질 사고[31] : 화재, 폭발, 질식, 중독 등

첫 번째로 나는 '건설 3대 사고'에 집중하도록 노력했다. 건설 안전관계자에게 '건설 3대 사고'를 전파했다. 공단 내부 직원부터 교육과 업무 회의를 통해 이해를 구했다. 관내 산업안전감독관 대상으로 '건설 3대 사고' 방지 사업을 안내했다. 고용노동부 ○○○지청에서 사업계획에 반영했고, ○○○지청의 건설 현장 자율안전 실태 평가 기준에 반영되었다. 사업주, 현장 소장 등 건설 현장 각종 안전교육, 간담회, 협의

---

29. 모든 구성재들이 원래의 형태를 유지하지 못하는 파괴되는 상태의 사고
30. 강풍 등으로 구조물이 넘어지는 것. 대체로 원래의 형태를 유지하는 사고
31. 각종 화학물질로 인해 발생되는 사고

체, 토지주택공사·국토부·수자원공사·교육청 등 발주처 안전교육 등을 통해 '건설 3대 사고' 예방에 집중할 것을 설득했다. 모든 건설 안전사업은 '건설 3대 사고' 방지 중심으로 했다.

※ 건설 안전사업
– 안전계획서, 건설 안전패트롤, 현장소장 안전교육, 토지주택공사 등 발주처 안전교육, 간담회, 건설 안전협의체 취약시기 합동점검 등

둘째, 점검 후 강평 가능한 원청사·협력사 전 직원을 대상으로 확대했다. 강평은 안전교육 형식으로 추진해서 핵심위험 정보, 안전정보를 최대한 전파하고자 했다. 통상 안전점검 후 강평은 현장소장, 공사과장, 안전관리자 등 사업장 관계자 일부를 대상으로 한다. 강평에 참석한 사업장 관계자가 그 내용을 원청사·협력사 직원, 작업자 등에게 전파해 작업장 곳곳에서 자율안전이 정착되기를 기대한 것이다. 그러나 현실은 기대와 달랐다. 강평을 받은 사업장 관계자는 직원과 작업자에게 제대로 전파하지 않았다. 안전사업이 현장에서 작동하지 않는다. 안전점검 따로, 현장의 작업활동 따로였다. 사고는 계속 발생했다.

기존의 강평 방식을 대폭 개선해야 했다. 먼저, 강평 대상을 원청사 및 협력사 전 직원으로 확대했다. 사업장 관계자 전원이 참석토록 했다. 필요 시 작업에 지장이 없는 한 작업팀장·반장도 참석을 권고했다. 보통 30~50명이 참석하며 대형 현장은 100~200명이 모이기도 한다. 강평 내용이 누락되거나 왜곡되는 기존 전파 방식의 문제점을 극복했

다. 강평은 사례 제시 등 안전교육 형식으로 했다. 위험 지적사항 전달 방식을 지양하고, 지적과 관련된 과거 사고 사례를 제시하는 등 안전교육 방식으로 개선했다. 사례 중심의 강평으로 원청사 직원은 물론 협력사 소장과 작업팀장의 위험인식과 안전의식이 대폭 개선되었다. 동일한 사업장을 수차례 방문해도 공단 직원을 알아보는 사람은 극히 일부다. 강평방식을 개선한 후 원청사 직원은 물론 협력사 직원까지도 공단 직원을 알아보고 먼저 인사한다. 획기적인 변화다. 공감대 형성이 되어간다는 뜻이다.

'건설 3대 사고' 방지 공감대 형성을 위한 안전교육 모습

셋째, '건설 3대 사고' 현수막과 사고 사례 등으로 공감대 형성에 노력했다. 작업자를 포함한 작업장 관계자들과 핵심 타깃을 공유하고 공감대 형성을 위해 노력했다. 작업자에게 건설업 사망사고는 추락, 장비, 머리손상 등 '건설 3대 사고' 중심으로 발생한다는 '핵심 위험 정보'를 신속하게 알리려고 했다. 사고를 막으려면 작업자의 위험 인식이 가장 중요하다. 작업 중에 죽고 다치는 작업자에게 가장 먼저 위험 정보를 전달하고 안전정보를 제공해야한다. 관내 건설 현장 대부분에 '건설

3대 사고'에 대한 현수막을 설치했다.

'건설 3대 사고' 관련 현수막

'사고 방지의 답은 사고 현장에 있다.' 작업자는 그들의 작업 관련 사고 사례를 확인해야 하고, 사고 사례의 핵심 위험 정보를 알아야 한다. 관내 건설 현장에 작업장별 사고 사례를 게시하도록 했다. 작업자가 사고 사례의 위험 정보를 인지한 상태에서 작업을 할 수 있게 했다. 관내에서 최근 3년 간 발생한 건설 3대 사망사고 사례집을 통해 사고와 위험을 좀 더 잘 알 수 있도록 노력했다.

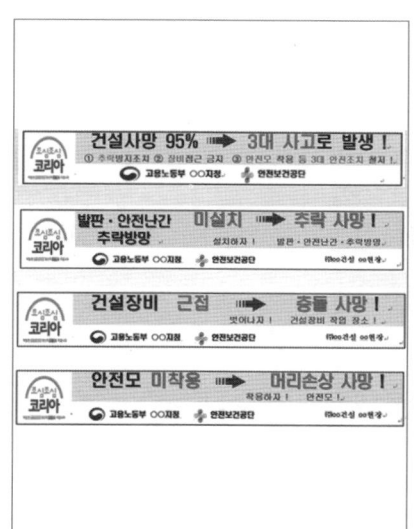

건설 현장에 설치된 현수막

'건설 3대 사고' 중대재해 사례집

5장 획기적으로 사고를 감소시킨 우수 사례 205

넷째, '중대재해 토론회'를 추진했다. 산업 현장에서 사망사고 등 중대재해가 발생하면 고용노동부 근로감독관과 공단 직원이 함께 사고 현장을 방문해 사고 조사를 한다. 사고 조사서는 사고 현장을 조사한 공단 직원이 7일 이내에 작성해야 한다. 동종 사고 방지는 "사고 원인을 얼마나 정확하게 분석했는가?"에 달렸다. 사고 조사에서 가장 중요한 것은 사고 원인을 제대로 결정하는 것이다. 그래야 동일한 사고를 막을 수 있다. 현장 조사, 관계자 진술 청취, 자료 수집, 사고 과정 분석, 사고 원인 도출, 재발방지 대책 수립, 조사서 작성, 결재 상신 등 7일은 부족하다. 그마저도 사고 조사 업무에 전념할 수 없다. 민원기간에 정해진 다른 공단 업무를 동시에 수행해야 하기 때문이다. 중대 재해조사 업무가 다소 소홀해질 우려가 있다고 생각했다. 재해조사 업무는 사고 재발을 막는 중요한 업무다.

안전규정에 명시되지 않은 근원적 사고 원인을 도출할 수 있어야 한다. 재해조사를 통해 사고과정에서의 사고가 발생하게 한 사고원인의 실체적 진실을 파헤치고 핵심 안전대책을 수립할 수 있어야 한다. 짧은 조사 기간, 안전규정 틀 내에서의 사고 원인 도출 등 다소 어려운 재해조사 업무를 보완하려고 중대 재해토론회를 생각했다. 1~2인의 재해조사 수행 방식을 부서 전 직원이 머리를 맞대고 함께 고민하는 자리를 마련했다. 사고 현장 조사는 안 했지만 조사자의 사고 발표를 듣고 사고 원인을 토론했다. 부족한 조사 기간에 따른 조사업무의 부실화를 만회하려고 했다. 스티브 잡스의 애플사의 모토는 '다르게 생각하자'이다. 정형화된 기존의 업무 시스템에서 새로운 것이 나올 수 없다. 비전공자의 새로운 시각으로 다양한 사고원인이 도출되었다. 안전사업은 계속 새로운 방식으로 시도해야 한다. 이렇듯 나는 사망사고 증가세를 차단하기 위해 기존과 다른 방식을 시도했고, 그 내용을 다시 정리하면 다음과 같다.

1. '건설 3대 사고' 예방 중심의 안전사업
→사망사고 집중 발생 타깃, 명확한 핵심 목표 설정
2. 안전점검 결과 강평 대상을 현장 전 직원으로 확대(진행은 안전교육 형식)→사업장 관계자 전 직원 대상 위험 정보 제공 및 안전활동 동기부여
3. 건설 현장 별 '건설 3대 사고' 현수막 설치와 작업장별 사고 사례 게시→작업별 위험정보 제공으로 위험 인식 향상
4. 모든 중대 재해에 대해 전 직원 대상 재해조사 토론회 추진
→안전규정 틀을 벗어난 근원적 재해 원인 결정
→중대재해조사 업무를 사고 방지 위한 핵심 사업으로 인식
5. 공단 직원, 고용노동부, 재해예방기관, 발주처 협조와 안전교육
→'건설 3대 사고' 예방에 대한 공감대 형성

최근 4년 동안 증가하던 관내 건설업 사망자 수가 당해 연도 9월경부터 감소하기 시작했다. 수년간 B 등급에 머물던 ○○○ 기관경영평가 점수가 당해 연도에는 A등급으로 상향 평가되었다. 사망사고가 감소한 영향이다. 기관경영평가는 사망자 발생 정도에 따른 영향이 크기 때문이다.

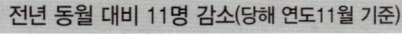

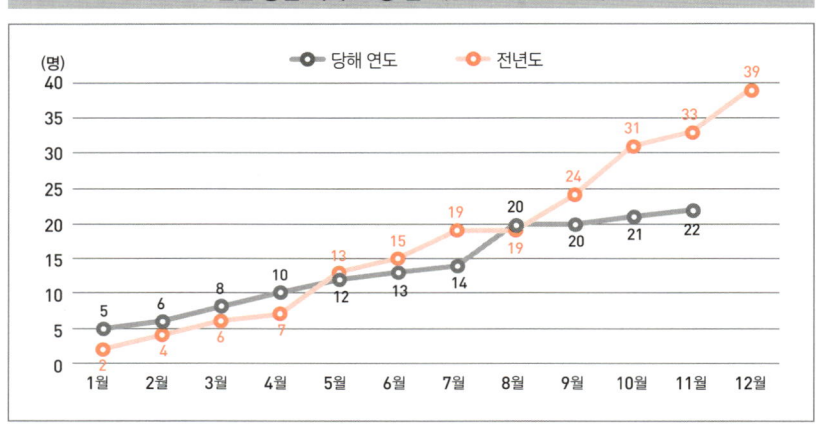

항목	1월	2월	3월	4월	5월	6월	7월	8월	9월	10월	11월	12월
증감	3	2	2	3	−1	−2	−5	1	−4	−10	−11	−
당해 연도	5	6	8	10	12	13	14	20	20	21	22	−
전년도	2	4	6	7	13	15	19	19	24	31	33	39

안전보건공단 ○○○ 경영평가 결과

연도	4년 전	3년 전	2년 전	전년도	당해 연도
순위	10/21	8/11	7/11	10/11	3/11
등급	B	B	B	C	A

 IBM사의 CEO였던 토마스 왓슨이 처음 IBM에 가려고 했을 때는 친구들이 말릴 정도로 회사가 어려웠다. 토머스 왓슨은 CEO로 취임 후 회사 모토를 '생각하자'로 정했다. 이후 IBM사는 미국에서 1위 회사가 되었다. 빌게이츠는 마이크로소프트사에 '생각 주간'을 정했다. 생각 주간에는 아무 일도 하지 않고 생각만 한다. 마이크로소프트사는 IBM사

를 누르고 1위 회사가 되었다. 스티브 잡스는 애플사의 모토를 '다르게 생각하자'로 정했다. 그리고 애플사도 1위가 되었다. 지금의 삼성을 만든 이건희 회장이 쓴 책의 제목은 《생각 좀 하며 세상을 보자》이다. 판매 제품의 90% 이상이 특허 제품인 일본 미라이공업 회사와 공장 모든 곳에도 '항상 생각하라'라는 현수막이 붙어 있다. 모든 성공, 탁월함 뒤에는 '생각'이 있었다. 안전사업도 기존의 틀을 깨야 한다. 그러려면 생각을 해야 한다. 과감한 생각, 새로운 생각, 엉뚱한 생각 말이다. 우리는 아인슈타인이 남긴 "생각할 수 있는 것은 모두 실현 가능하다"라는 말을 마음 깊이 새겨야 한다.

에필로그

"가장 조심해야 할 것은 가난, 질병이 아니다.
당신 생각이다. 생각이 당신 삶을 지배하기 때문이다."

– 데일 카네기((Dale Carnegie), 대학교수 –

삶과 죽음을 결정하는 안전!
그 중요성을 기억해야 한다

얼마나 많은 안전활동을 했느냐가 중요한 것이 아니라, 안전활동 결과로 사고가 발생하지 않는 것이 중요하다. 2020년 4월 29일 이천 물류창고에서 대형화재로 수십 명이 죽는 사고가 또다시 발생했다. 정부 각 부처, 지자체 등 중앙사고수습본부가 꾸려지고 중앙사고조사단에서 사고 조사를 한다. 사고 원인은 용접 등 점화원 발생 작업을 인화성·가연성 물질, 가연성 가스가 발생하는 작업과 함께 한 것이다. 이것은 2008년 이천 물류창고 화재사고와 판박이다. 사고 형태, 피해 규모, 공사 내용이 유사하다. 사고 장소도 이천시다. 그때도 중앙사고조사단을 비롯한 중앙정부 차원의 사고 원인 도출, 대책 수립에 따라 안전정책, 안전사업, 안전활동을 추진했다. 최근 발주처에 안전책임을 묻는 내용의 산업안전보건법을 개정까지 했음에도 사고는 또다시 발생했다. 우리의 안전시스템과 안전활동에서 문제를 찾아야 한다. 무엇이 문제일까? 본질과 핵심을 놓치고 있는 것은 아닐까? 사고 원인의 본질, 사고 방지법의 핵심 말이다.

다시 말하면, 사고의 본질적 원인 분석과 작업 특성 맞춤형 핵심 안전대책에 집중해야 한다. 겉으로 드러난 사고 원인만으로 동종 사고를 막기에는 한계가 있다. 본질적 사고 원인을 밝혀야 한다. 외부 시선을 의식한 안전활동이 아니라, 현장 중심의 실질적인 안전대책이 필요하다. 쉽게 보여지는 사고 현상에만 집중하다 보니 본질적인 문제와 핵심을 놓치고 있는 것은 아닐까?

우리는 대형사고뿐만 아니라 일터에서 날마다 4명씩 죽어가는 사망사고에도 더욱 관심을 가져야 한다. 사망사고 대부분은 반복해서 발생한다는 데 심각성이 있다. 그런데도 아무도 관심을 갖지 않는다. 한 사고에서 한 명씩 죽는 산재 사망사고는 언론 등 사회적 관심과 주목을 받지 못한다. 경제 등 국가 경쟁력이 상위권인 대한민국에서 일터에서 사고로 죽는 후진국형 사고가 늘 발생하는데도 말이다.

일본, 영국, 싱가폴 등 안전선진국은 십수 년에 걸쳐 산재사망자가 꾸준히 감소했다. 국내 건설업 산재사망자 수는 30년 전 약 700명에서 현재 약 500명으로 오랜 기간 동안 사망자 수는 큰 차이가 없다. 우리는 그동안 사고 방지에 많은 노력을 해왔다. 그럼에도 동일한 산재 사망사고는 왜 반복되는 것인가? 안전활동의 비효율성, 핵심 타깃 부족, 현장 작동성 미흡 등 문제는 없는지 성찰이 필요하다. 안전선진국의 안전정책을 참조할 필요가 있다.

나는 안전보건공단 본부 및 지사, 산업안전보건연구원에서 근무하면서 수많은 사고 사례와 사고 데이터를 분석·확인해 안전연구 결과 발표, 언론 기고 등으로 산업 안전의 판을 새롭게 짜기 위해 노력했다. 그중 〈소규모 건설 현장 재해 증가 원인에 대한 진단과 해법〉과 〈국내 건설 환경(특성)과 사망 재해 감소 해법〉은 언론에 발표되어 많은 관심을 불러일으켰다.

'사고 방지의 답은 사고 현장에 있다'는 말은 내가 항상 강조하는 말이다. 하지만 후진국형 사고가 반복해서 발생하는데도 사고 현장과 사고 사례를 소홀히 하고 있다. 결코 효율적으로 사고를 막을 수 없다. 사고 사례와 현장에 집중하는 안전활동이 필요하다. 사고의 발생 패턴·특성에서 사고 방지의 답을 찾아야 한다. 사고 사례에서 얻은 '위험 정보'를 안전정책, 안전사업, 안전활동에 반영할 때 비로소 사망사고를 줄일 수 있다. 물고기가 몰려 있는 장소에 그물을 던져야 물고기를 잘 잡을 수 있듯이 사망사고가 집중되는 곳에 안전사업을 늘 집중해야 한다.

산재 사망사고 발생 패턴

- 근로자가 약 20%에 불과한 건설업에서 전 산업의 사망사고의 약 50% 이상 점유
- 건설 사망사고는 추락 60%, 장비 25%, 머리 손상 10% 등 3대 사고에서 약 95% 발생
- 전 산업 추락 사망자의 약 68%가 건설업에서 발생
- 건설 사망자의 약 60% 이상은 10년 이상 경력자에서 발생

- 근로자가 약 50%에 불과한 120억 원 미만 건설 현장에서 건설 사망자의 약 70% 발생
- 건설업 추락 사망사고의 56%는 높이 3~10m 구간에서 발생

고용노동부, 국토교통부 등 정부, 안전보건공단, 학계 및 연구소, 기업체 등 관계자들 사이에 현장 중심, 위험 중심 등 본질에 대한 집중과 우선순위에 대한 공감대 형성이 필요하다. 물류창고에서 대형사고가 발생하면 전국 물류창고 현장에 집중점검, 교량에서 사고가 발생하면 교량 현장 안전점검을 하는 등 사고를 뒤따라가는 형국은 아닌지 살펴봐야 한다. 목표와 타깃이 없이 사회적 관심에 따라 임시방편의 안전정책과 안전활동으로 반복되는 사고를 막을 수 없다. 청소할 때 대형폐기물은 그대로 둔 채 비질과 걸레질을 하듯이 사회적 관심이 집중되는 부분에만 몰두해서는 사고를 막는 데 한계가 있다.

사고 전체를 조망하며 안전사업과 안전활동은 근본적인 것부터 먼저 추진해야 한다. 청소를 예로 들면, 가장 먼저 해야 할 것은 대형폐기물부터 치워야 하고, 다음으로 작은 것들을 치우며 마지막으로 비질과 걸레질 그리고 유리창 닦기 등을 하는 것이 일반적인 순서다. 안전관리도 이와 크게 다르지 않다. 청소의 대형폐기물 격인 건설업 사망사고를 막기 위한 안전정책 및 안전사업을 우선 추진해야 한다.

산재 사망사고는 건설업의 '건설 3대 사고'를 중심으로 발생한다. 안전활동은 추락과 장비 및 머리 손상 등 '건설 3대 사망사고'와 붕괴, 도괴, 화학물질 사고인 화재·폭발·질식·중독 등 '건설 3대 대형사고'에

집중해야 한다. 감독관청, 발주자, 건설사, 건설 현장, 작업자 등에게 '건설 3대 사고'를 막고자 하는 인식이 넓게 퍼져야 한다.

안전은 사람이 죽고 사는 문제다. 가족의 생계를 위해 일터에서 일하는 이들이 안전하고 건강하게 일할 수 있도록 일터의 안전은 보장되어야 한다. 이천 대형사고에서 보듯이 국내 산업 재해 특성은 단순·반복·재래형 등 후진국형으로 발생한다. 건설업 사망사고 및 대형사고가 지속적으로 발생하고 있지만, 건설업 안전에 투입하는 사고 방지 역량은 부족하다고 생각한다. 사망 및 대형사고 특성과 패턴을 토대로 사고를 예측해 정확한 맞춤형 안전활동에 집중해야 한다.

모든 안전활동의 중심에는 '3단계 안전활동'이 있어야 한다. 1단계는 위험 발견, 2단계는 발견한 위험 정보를 작업자에게 제공함과 동시에 맞춤형 안전대책 선정, 3단계는 작업 중 관리자를 배치해서 안전대책 이행 확인 등이다.

위험은 사고를 아는 만큼 볼 수 있다. 위험을 볼 수 있어야 사고를 막을 수 있다. 안전활동의 출발은 '위험'이고 핵심도 '위험'이다. 안전교육, 안전점검 등 안전활동에 위험과 사고내용이 없으면 안전활동이 아니다. 팥빵 속에 팥이 없음에도 팥빵이라고 우기면 안 된다.

사업장에서는 '위험'이 없는 형식적인 안전활동을 하고 있다. 아까운 인력과 예산이 낭비될 뿐 사고를 막을 수 없다. 동일한 사고가 반복될 뿐이다. 현재의 관리자·서류·매뉴얼 중심의 사고 방지의 내용 없는 안전활동을 작업자·현장·실행 중심의 안전활동으로 바꿔야 한다. 현재의 어렵고·길고·복잡한 관리자 중심의 안전활동을 쉽고·짧고 간단한 작업자 중심으로 바꿔야 한다.

우리가 사는 데 가장 중요한 것은 무엇인가? 공기와 물이 없으면 한순간도 살 수 없다. 공기와 물은 매우 중요하나 항상 우리 곁에 있다는 이유로 가볍게 생각한다. 안전에서 가장 중요한 것은 '작업의 기본을 지키는 것'이다. 작업 순서, 작업 기준, 정상적 작업 등은 작업의 기본이다. 기본과 본질은 무시한 상태로 화려한 안전기법, 안전매뉴얼 등으로는 결코 사고를 막지 못한다. 안전관리를 위한 안전관리가 아닌 사고를 막기 위한 안전관리를 해야 한다.

현장에서는 안전책임을 면하려고 안전서류 작성에 몰두할 뿐 실질적 안전활동은 찾아보기 힘들다. 기초적인 사고도 막지 못한다. 국토부, 고용노동부, 발주처, 건설사 본사, 지자체, 안전보건공단 등에서 현장에 요구하는 각종 안전서류를 통일하고, 대폭 축소해 작업장 중심의 안전활동으로 변화시켜야 한다.

세상에는 공짜가 없다. 콩 심은 데 콩 나고 팥 심은 데 팥 난다. 하나님이 세상을 만든 기본 창조 원리다. 콩을 심고 팥이 나기를 바라지만, 결코 팥이 나오지는 않는다. 지난 30년 동안 산재 사망사고는 그렇게 반복해서 발생했고, 귀중한 우리의 근로자가 죽어갔다. 일본 등 안전선진국이 산재사망자를 효율적으로 감소시킨 것이나 국내 건설사망자가 30년 동안 별 차이 없이 반복되는 것은 다 그럴만한 이유가 있다.

안전정책, 안전사업, 안전활동을 사고의 위험 중심, 현장 중심에 꾸준히 집중한다면 향후 3년 이내에 산재사망자는 획기적으로 감소될 것임을 확신한다. 수차례 언급했듯이 우리는 사고 후진국이다. 사망사고가 후진국형으로 발생하기 때문이다. 고도 비만인 격이다. 고도 비만은 작은 생활 태도 개선에도 체중 감량이 많다. 본질과 핵심으로 돌아가면 사망사고 감소는 대폭으로 이루어질 것이다. 이것을 명심해야 한다.

나는 27년간 했던 사고 조사 분석, 사고 방지 연구, 안전사업 등의 경험을 토대로 이 책을 집필했다. 내 생각과 다소 다르게 생각하는 독자도 분명 존재할 것이다. 큰 틀에서 보면 같아도 바라보는 방향에 따라서 다르게 보일 수도 있다. 일터에서 죽고 다치는 사고를 막을 수 있는 좋은 방안과 책에서 피력한 내 의견에 오류가 있다고 생각한다면 표지에 실린 연락처로 언제든지 연락주시기를 기대한다.

사고로부터 생명을 구하려면 현재의 문제점과 위험 정보 등을 솔직하고 정확하게 알려야 한다고 생각했다. 집필하는 과정에서 내가 몸담았던 안전보건공단을 비롯한 관계기관과 관련된 불편할 수 있는 내용이 있었다면 너그럽게 양해해주시기를 바란다.

생명을 살리고 지키는 일은 다 소중하다. 일터에서 사고로 죽어가는 생명을 살리는 일은 더욱 소중하다. 병원의 의료, 119 구급차, 산재예방활동 등은 모두 생명을 구하는 중요한 일이지만, 평상시에는 사람들의 관심을 받지 못한다. 생명을 지키는 안전인들은 주목받지 못하는 일상생활 속에서 사고 및 위급 상황을 대비해서 늘 깨어 있어야 한다. 비록 남들이 잘 알아주는 일은 아닐지 몰라도 일 자체를 소중히 여기고, 즐길 수 있어야 한다고 생각한다. 파블로 피카소는 "나는 일하고 있을 때 쉰다"고 말했다. 우리에게 주어진 시간은 한정되어 있다. 우물쭈물할 시간이 없다. 지금 당장, 현재 우리 앞에 있는 생명을 지키는 일을 실천해야 한다.

 이 책이 산재 사망사고가 획기적으로 감소하는 데 도움이 된다면 큰 영광이다. 세계 제일의 안전선진국 대한민국을 위해 우리 모두 위대한 꿈을 꾸자!

부록

1. 사고 방지 방안은 변하지 않았다

 2012년과 2013년, 2년에 걸쳐 필자는 '국내 건설업 재해 다발에 대한 연구'를 했고 연구 결과를 산업안전보건연구원의 학술지인《안전보건연구동향》에 발표했다. 2012년은 산업안전보건연구원에서 문헌과 선행연구를 토대로 연구만 했고, 2013년에는 일선기관에서 안전사업과 연구를 병행했다. 사고로 죽고 다치는 현장에서 작업자의 행동, 실시되는 작업 방식을 직접 보면서 생각하고 고민하는 연구방식은 좀 더 현장감이 있었다.

 아인슈타인은 "가장 중요한 것은 질문을 멈추지 않는 것이다. 호기심은 그 자체만으로도 존재 이유가 있다"라고 했다. 필자는 안전보건공단, 특히 산업안전연구원에서 산재 사망사고의 근본 원인에 대한 많은 질문을 던졌다. 그리고 논문과 보고서를 발표했다. 그중 일부 내용은 언론과 안전관계자의 주목을 받기도 했다.

 "동일한 형태의 사고가 반복해 발생하는 근본 이유는 무엇인가?"
 "안전사업 추진과 사업장의 안전활동 실시에도 산재 사망사고는 왜 제대로 감소하지 않는가?"
 "산재사고를 효율적으로 감소시킨 안전선진국처럼 효율적인 안전사업을 하지 않는가?"

〈국내 소규모 건설 재해 증가 원인에 대한 진단과 해법(2012년)〉, 〈국내 건설 환경(특성)과 사망 재해 감소 해법(2013년)〉등 2개 보고서는 약 1주일간 언론의 관심을 받았고, 안전잡지사, 안전카페 등에서 내용 일부를 인용했다. 본 보고서로 내게 산업안전경영대상에서 특별상(저술상)을 주신 매일경제신문사와 고용노동부에 깊은 감사를 드린다.

많은 시간은 흘렀지만 국내 산업 환경의 특성과 산업재해 발생 패턴 및 사고 방지 핵심 방식은 큰 틀에서 보면 변화가 없다. 보고서 내용 중 안전정책을 반영한 것도 있다. 소규모 건설 현장 최소 1인의 책임자 상주, 높이 3~5m 구간 안전방망 설치, 10년 이상 경력자 안전교육, 50대 이상 고령 근로자 작업 배치 기준 마련, 작업별 3대 필수 안전수칙 마련, 작업장별 사고 사례 게시, 비계 선행공법 의무화 등을 안전사업과 안전활동에 적용하면 사고를 효율적으로 막을 수 있을 것이다.

이와 같은 나의 '사망사고 감소 해법'을 신문, 방송 등 언론을 통해 전파했으며 법제처, 고용노동부, 국토교통부 등 국가기관과 서울시, 경기도 등 지자체의 회의 참석과 안전교육 및 자문 등으로 국가 안전정책에 반영해 개선하려고 나름 노력했다. 안전제도 개선 등 눈에 띄는 성과는 미흡하다 해도 관계자들의 안전인식 변화, 어느 정도의 공감대와 동의를 얻었다고 생각한다. 부록 2에서 모든 것을 종합해서 나의 생각을 정리했다.

중국 전국시대 말기의 사상가 순자는 "길이 가깝다고 해도 가지 않으면 도달하지 못하고, 일이 작다고 해도 행하지 않으면 성취되지 않는다"고 했다. 머뭇거릴 시간은 없다. 지금 이 시간에도 일터에서 근로자가 죽어간다.

2. 국내 산업 환경 특성, 사망사고 발생 패턴 그리고 산재 감소 해법

들어가면서

　산재를 감소시키려면 산업 환경의 특성, 사고 발생 패턴을 정확히 분석하는 것부터 해야 한다. 그리고 외국의 사례를 참조해 우리의 상태를 아는 것도 필요하다. 본 부록에서는 본서의 내용을 요약해 독자가 전체를 한번에 조망할 수 있도록 했고, 산재 감소 해법을 종합했다. 독서에 친숙하지 않은 독자라도 이번 장은 정독하길 바란다. 이 책에서 사고를 막을 수 있는 값진 답을 찾아내어 여러분이 하는 일에 꼭 적용하기를 기대한다. 그리고 사고를 당하지 않기를 바란다.

　국가별로 산재 사업장 대상, 산재 산출 방식, 산업 현장의 특성 등이 서로 상이해 국가별 산재 통계를 동일한 방식으로 비교하는 것은 무리가 있다. 다만 긴 기간을 두고 발생하는 산재 발생 패턴과 추이는 참조할 필요가 있다. 나는 산업안전보건연구원의 2012년 《안전보건동향》 가을호 〈국내 소규모 건설재해 증가 원인에 대한 진단과 해법〉에서 약 30년간의 국내 건설 재해 발생 현황을 일본과 비교해 교훈과 시사점을 다음과 같이 발표했다.

　국내 건설재해 변화를 일본 건설재해와 비교해보면 건설업 유해·위험방지계획서 등 건설 재해 예방사업이 본격적으로 시행되었던 1990년도 초반부터 급격히 감소하다가 2000년도 초반부터 건설근로자 증가 등으로 다시 증가하고 있다. 한편 1980년대 초(1982년)에는 국내 건설재해자(2만 7,286명)보다 3배 이상(8만 9,533명) 많이 발생하던 일본 건설재해자는 해마다 감소해서 2008년부터는 국내 건설재해자보다 적게 발생해 지금까지 지속된다.

국내 건설재해자는 해마다 증가·감소를 반복하고 있으나 일본 건설재해자는 해마다 지속적으로 감소하고 있어 일본의 산업 환경과 재해 예방사업 등을 분석해 국내 재해 예방에 참조할 필요가 있다.

현재는 우리가 과거에 생각하고 행동한 결과다. 미래는 우리가 지금 생각하고 행동하는 것을 보면 알 수 있다. 과거 30년 동안 증가와 감소를 반복하는 한국의 산재 발생 패턴은 지속적으로 감소한 일본과 확연히 비교된다. 한국은 경제를 비롯해 많은 분야에서 선진국 대열에 가까이 다가가면서도 산업 재해, 교통사고 등 각종 사고 발생 수준이 아직도 사고 후진국에 머물러 있다. 한국은 빨리빨리 산업문화로 압축성장을 하며 한강의 기적을 달성했다. 그동안 사고 방지 등 안전에 대한 관심이 부족했던 것은 사실이다. 하지만 이제는 달라져야 한다. 과거에 발생한 산재 발생 패턴을 분석하고 현재의 산업 환경 실태를 정확히 파악해 산재방지 해법을 찾아야 한다.

국내 산업 환경 특성

의사가 환자를 치료할 때 가장 먼저 환자의 몸 상태를 확인한 후에 처방을 하는 것은 당연하다. 산재사고를 막기 위한 안전대책은 과거에 발생했던 사고 사례 패턴과 현재의 산업 현장의 작업장 실태 파악을 토대로 결정해야 하나 현실은 다소 미흡한 듯하다. 산업 환경과 사업장에 대한 이해가 부족한 상태에서 안전규정과 안전기준에 의한 모범답안 같은 사고 방지 대책과 안전활동은 현장에서 잘 작동하지 않는다.

비싸고 귀한 약도 환자의 몸에 맞지 않으면 약효가 없지 않는가? 환자 몸 상태에 잘 반응하는 약이 명약이다. 사고 사례와 작업 환경의 정확한 분석 후에 비로소 맞춤형 안전대책을 결정해야 한다. 이 부분을 놓치면 산재는 효율적으로 감소되지 않는다. 어떤 일을 효율적으로 하려면 한 곳에 역량을 집중해야 하다. 산재사고 중 우리가 집중해야 할 것은 사망사고이다. 그리고 사망사고 중 절반 이상을 차지하는 건설업 사망사고에 집중해야 한다. 그래서 나는 건설산업 환경 분석에 집중했다. 건설 환경의 주요 특성은 다음과 같다.

● 올바른 작업통로가 없다

앞서 언급했듯이 국내 건설 현장은 올바른 작업통로가 없이 작업을 수행하는 것이 습관화되었다. 작업자는 작업발판, 계단실, 복도 등에 사용할 자재와 폐자재 등을 피하거나 넘어 다녀야 한다. 안전난간, 안전덮개가 없어 추락 위험이 있는 바닥 개구부, 바닥 단부 주변으로 이동해야 한다. 작업자가 부딪히거나 깔리면 즉시 사망할 수밖에 없는 움직이는 건설장비 옆에서 작업을 수행하는 것을 아무도 이상하게 여기지 않는다.

건설장비 작업 시 움직이는 장비의 운행로와 작업자의 작업통로 구분이 별로 없다. 장비와 작업자가 서로 뒤섞여서 작업이 이루어진다. 충돌, 협착, 깔림 등 각종 장비사고 위험이 방치되고 있고, 장비 사망사고가 증가하고 있다. 장비 사용 시 유도자·신호자를 배치한다고는 하지만 배치된 유도자 등이 더욱 위험하다. 실제로 장비 사망사고 피해자의 상당수가 유도자·신호자이다.

철근을 배근하는 작업장을 보면 작업자가 약 20cm 내외 간격으로 배근된 철근을 밟고 이동하게 되어 몸의 중심을 잡기가 어려워 전도 위험이 매우 높다. 작업자가 몸의 중심을 잃고 넘어질 때 주변 개구부로 향하면 추락사고, 돌출된 수직 철근으로 향하면 찔림사고 등 각종 사고를 당한다. 추락사고든 찔림사고든 사망 등 중대재해가 발생하는 것은 마찬가지다.

작업자가 외부에서 건설물 내부로 진입할 때 상부에서 각재와 같은 자재, 망치와 같은 공구 등이 낙하할 위험이 있음에도 건설물 입구 상부에 낙하물 방호 선반을 설치하지 않고 작업하는 작업장을 쉽게 볼 수 있다.

● 안전계획과 수행할 공사 내용은 서로 다르다.

공사 수행자는 착공 전에 공사계획을 수립한다. 또한 공사 중에 발생할 수 있는 '위험'을 발견해 안전대책을 선정하는 등 안전계획을 수립해야 한다. 일정 규모 이상의 공사는 착공 전에 안전계획서를 제출해 심사를 받아야 하는데, 안전계획서는 근로자 생명 보호를 우선으로 하는 유해·위험방지계획서, 구조물의 안전·주변 환경 안전·작업자 안전 등 포괄적 안전을 위한 안전관리계획서 등이 있다. 안전계획은 공사 수행자가 그들의 경험과 노하우 등을 토대로 전문가 등의 의견을 참조해 위험을 도출하고, 사고 방지대책을 직접 수립해야 한다. 하지만 현장소장 등 공사 수행자가 안전계획을 직접 수립하지 않고 작성 대행사에서 대리로 작성해 제출하기도 한다.

안전계획은 공사 개요, 공사 장소와 주변 상황에 대한 사항, 공사 방법과 장비, 가설물에 대한 사항, 공사 일정과 관련된 공정표 등을 분석해 현장에 적용할 안전작업의 계획으로 수립해야 한다. 하지만 현장소장 등 심사에 참석하는 공사 관계자가 그들이 제출한 안전계획서 내용을 모르는 경우가 있다. 계획서를 직접 작성하지 않았기 때문이다. 심사위원은 공사 수행자에게 공사개요, 현장 주변 사항, 공사 방법, 장마철·동절기 등 공사 내용과 공사 중 발생할 위험, 그리고 안전대책 등에 대한 질문을 하며 심사한다.

예를 들면, 5m 이상 높은 거푸집동바리 설치 장소가 있는지, 겨울철에 골조공사를 어떻게 하는지, 천정 단열재에 인접해 용접하는 작업이 있는지, 정화조·저수조 등 밀폐공간에서 방수작업을 어떻게 하는지 등과 그것들의 위험 특성과 안전대책은 어떻게 수립했는지 등을 질문한다. 심사에 참석한 공사 진행자는 위험과 안전대책은 물론 건설물의 구조 등 공사개요조차도 모르는 경우가 있다. 심사를 받는 자리에서 그들이 제출한 안전계획서를 열심히 찾아보고서야 비로소 뒤늦은 답변을 하기도 한다. 이러한 상황은 심심치 않게 발생한다. 이러한 경우는 정상적인 심사 진행이 어렵다. 안전계획서 내용을 잘 모르는 심사 참석자에게 질문을 해야 하는 심사자나 모르는 내용을 답변해야 하는 심사 참석자나 서로 딱하기는 마찬가지다.

결국 문제는 계획서를 직접 작성하지 않았기 때문이다. 대행기관에서 작성한 계획서를 잘 모르는 것은 당연하다. 질문에 답변을 제대로 할 수 없다. 답변이 궁색하니 "안전계획서대로 공사하지 않는다"는 답변을 심사 참석자에게 자주 듣는다. 안전계획서 따로 공사 수행 따로인 것이다. 착공 전부터 공사 수행자의 실제 공사계획과 작성된 안전계획서 내용이 다를 수밖에 없다. 공사에 착공하기 전에 설계 변경부터 해야 할 처지다.

사업 승인과 공사 착공 등을 위해 건설사 본사에서 작성 대행사에 안전계획서 작성을 의뢰해 안전계획서를 제출한다. 심사일이 정해지고 심사에 공사 수행자 참석을 요청하면 뒤늦게 공사 수행자를 선정해 심사에 참석하기도 한다. 그래서 공사 수행자 중 안전계획서 내용을 모르고, 그들이 앞으로 해야 할 작업 내용과 안전계획서 내용이 다른 경우도 있다.

● 공사 수행자가 가설 공사 작업 기준을 모른다

어느 날 현장소장에게 "굴착 및 흙막이를 설치하는 과정에서 띠장을 설치하려면 그 띠장 위치 아래까지 작업공간을 확보하기 위해 일정 깊이까지 굴착을 해야 하는데 많이 굴착하면 흙막이에 악영향을 주고 적게 굴착하면 띠장 설치 작업에 지장이 있습니다. 작업 기준에서 정한 굴착 깊이는 얼마로 알고 있습니까?"라는 물음에 현장소장은 "수평 띠장에서 약 1.5m까지 굴착"으로 잘못 답변한다. '작업 기준이 0.5m'임을 모르고 있다. 흙막이와 인접한 1.5m 등 과도한 굴착은 흙막이 변위 발생 등 위험을 초래할 수 있다. 내게 1.5m라고 자신 있게 답변한 현장소장은 실제는 약 2m 이상 굴착했을 수도 있다. 현장소장은 지금껏 흙막이 작업에서 작업 기준을 확인하지 않은 듯하다. 가설 공사 시방서, 작업 기준을 확인하지 않는 공사 수행자를 자주 만난다. 모든 것은 전문건설업체에서 알아서 수행할 것이라 생각하기 때문이다. 하지만 원청업체 공사 관계자의 기대와 다르게 전문건설업체가 알아서 잘 수행하지 않는 경우도 많다. 전문건설업체는 작업을 가능한 빨리 할 수 있고 장비와 인건비가 적게 소요되는 방법을 선택하는 경우도 상당하다. 철저한 관리감독이 필요한 이유다.

국내 건설 현장 관계자의 가설 공사에 대한 무관심은 어제오늘 일이 아니다. 영국 등 안전선진국과 같이 발주처, 공사감독·감리가 공사수행 과정에서 가설 공사 작업 기준의 준수, 이행 여부를 철저하게 확인하는 것과 국내 공사 수행자의 가설 공사 무관심은 확연히 비교된다. 공사 수행자는 본공사 수행, 발주처 요구, 본사 지시, 민원 처리, 대관 업무 등 촉박한 공사 일정에서 당장 문제가 되지 않는 가설 공사 작업 기준을 확인할 필요를 못 느낀다. 대부분의 건설 사고가 가설 공사 중에 발생한다. 사고의 주요 이유는 작업 기준, 안전규정 미준수로 발생한다. 이를 명심해야 한다.

● 공사 기간이 불충분하다

오래전 지방 고속도로 건설 현장 방문 시 현장소장이 공사 기간 단축으로 야간에도 공사를 하는 등 돌관공사[1]가 필요하다고 한다. 발주처 요청으로 준공을 앞당긴다는 것이다. 공사 중 발주처 요청 등 외부 요인으로 공사 기간이 단축되기도 한다. 단축되는 만큼 사고 위험은 높아진다. 대체로 공사 기간 단축에 따른 별도의 안전대책은 흔치 않다. 위험은 있어도 사고가 항상 발생되는 것은 아니고, 공사 기간 단축 상황에서 모든 관심은 작업 시간 절감에 집중되기 때문이다.

미군 부대 안의 4층 블록조 건설 현장을 방문했을 때 현장소장은 공사 기간은 약 3년이라고 한다. 4층 건물 규모면 몇 개월 정도의 공사 기간이 소요되는 국내 건설 현장과 비교된다. 미군 부대 공사 현장의 작업발판, 작업통로 바닥에는 국내 건설 현장에서 흔히 볼 수 있는 작업부산물 하나 없다. 사무실 바닥처럼 깨끗하다. 철근 작업장은 철근 배근 도면을 보는 듯 철근 배근 간격, 정착, 이음 등이 정확하다. 건설 회사 소속은 한국이고, 근로자도 한국인 등 국내 건설 현장과 동일하지만 작업장의 환경은 전혀 다르다. 매우 쾌적하다. 발주처, 감독이 다르고 공사 기간이 충분하기 때문이다. 공사감독이 공사 단계별로 철저히 확인한다고 한다. 무리한 공기 단축, 가설 공사 확인을 소홀히 하는 국내 건설공사와 비교된다. 국내 건설공사의 무리한 공기 단축 등 빨리빨리 문화는 사고 발생의 근본 원인이 된다.

---

1. 공사 기간을 단축하려고 야간 작업, 철야 작업, 교대 작업 등 인력과 장비를 집중적으로 투입해 실시하는 공사

● 공사비가 부족하다

　적정한 공사비가 확보되어야 공사를 안전하게 할 수 있다. 공사 수행자 선정 방법인 최저입찰제는 공사비를 가장 적게 쓴 시공자와 공사계약을 하는 입찰제도다. 시공자는 공사 수주를 위해 최소 공사비에도 미치지 못하는 적은 금액으로 입찰해 공사를 계약하기도 한다. 그리고 손해는 볼 수 없으니 비계, 거푸집동바리, 흙막이, 가설통로 등 가설 공사에서 작업 기간을 단축한다. 또한 자재비, 인건비 및 장비비용 중 일부를 삭감하는 등 부족한 공사비를 가설 공사에서 절감한다. 사고가 대부분 가설 공사에서 발생하는 이유다.

　건설공사는 형틀, 석재, 도장 등 각 작업 종류별로 전문건설업체에서 수행한다. 때로는 종합건설회사와 공사를 계약한 전문건설업체는 그들이 차지할 이윤만 챙기고 불법으로 재하도급 계약을 하는 경우도 있다. 단속을 피하려고 문서로 남기지 않고 구두상으로 이루어지기도 하며 심지어는 2~3단계까지 재재하도급을 하는 경우도 있다고 한다. 이 경우 역시 부족한 공사비를 만회하고 인건비와 장비비용을 줄이려고 해야 할 일부 작업절차를 생략한다. 비계, 동바리 등 가설 공사도면이 계약서류에 포함되지 않아 가설 공사가 소홀이 여겨진다. 부족한 공사비로 가설 공사 일부가 생략되고, 촉박한 공사 기간으로 공사 수행자는 안전시설, 안전작업의 중요성을 알고 있어도 실천하기 어려운 실정이다. 최저입찰제와 불법 재하도급이 안전작업에 악영향을 초래한다.

● 안전활동을 서류 중심으로 한다

　사고는 위험 제거, 위험 차단, 위험 회피 그리고 안전시설 설치, 안전장치 부착, 개인보호구 착용 등 직접적인 안전조치를 통해서만 막을 수 있다. 직접적인 안전조치를 제대로 하기 위해 많은 안전활동이 있다. 안전활동의 종류와 형식은 위험을 발견하기 위한 위험성 평가, 안전점검을 비롯해 안전작업계획, 사내 안전규정 및 안전매뉴얼 작성, 장비사용 및 중량물 취급계획, 안전회의, 안전교육, 안전조회와 안전기준·안전지침·안전규정의 확인 및 준수 등 다양하고 많다. 안전활동 종류와 그에 따른 안전서류의 내용과 형식은 안전법령, 정부 부처, 발주처, 지자체, 회사 그리고 사업장 등에 따라 다소 상이하다. 각종 사고 발생으로 안전이 사회적 중요 이슈로 등장함에 따라 발주처, 지자체, 기업체 및 건설사 본사 등에서 안전에 대한 관심이 높아졌고, 사업장에 요구하는 사항과 기대치도 많아지고 높아졌다. 그에 따라 사업장에서 해야 하는 안전행정이 적지 않다. 내용은 유사하나 요구하는 행정 서식이 다소 상이한 경우도 있다.

　앞서 말했듯이 다양한 종류와 형식의 안전활동도 결국은 안전시설 설치 등 작업장의 직접적인 안전조치의 이행이 있어야 의미가 있다. 다르게 표현하면 안전조치를 제대로 하지 못하는 안전활동은 아무런 소용이 없다는 뜻이다. 사업장에서 안전서류 등 안전행정에 몰두함에 따라 정작 그들이 해야 할 작업장의 직접적 안전조치를 놓치는 경우가 많다. 과도한 안전행정이 안전조치를 방해한다는 뜻이다. 많은 안전활동이 사소한 사고도 막지 못하는 이유다.

◉ 안전관리자의 역할 수행이 어렵다

본문에서 말했듯 건설 현장에서 안전관리자가 그들의 역할을 올바로 수행할 수 없는 경우가 있다. 안전관리자의 상당수가 정규직이 아니다. 근로를 보장받지 못한다. 안전관리자의 계약연장과 취업의 결정 권한은 그들의 지적과 조언을 받아들여야 하는 관리책임자 등에게 있다. 안전관리자는 관리책임자의 업무지시를 따라야 한다. 안전관리자가 위험작업과 안전규정 미준수 등 공사 진행에 지장을 줄 듯한 내용을 관리책임자에게 건의, 조언하기에 다소 무리가 있다. 관리책임자의 최우선 관심은 공사 진행에 있다. 공사와 안전이 충돌하면 공사를 택하게 된다. 그래도 사고는 쉽게 발생하지 않기 때문이다.

많은 안전 관련 서류를 작성하는 등 안전행정은 대부분 안전관리자가 한다. 작업장의 위험을 발견하고 사업장의 잘못된 안전활동에 지도, 조언, 권좌, 건의 등을 해야 하는 안전관리자가 안전행정업무로 지장을 받고 있다. 안전관리자의 역할을 수행하기에 많은 장애가 있다. 안전관리자로 선임은 되었지만 관리책임자, 관리감독자 등이 해야 할 업무를 안전관리자가 하는 실정이다. 사업장에서 안전이라는 용어와 관련된 일이 있으면 안전관리자가 처리하는 것으로 잘못 이해하고 있다.

◉ 개인보호구의 사용법을 잘 모른다

대형 건설회사가 시공하는 한 건설 현장을 방문했다. 겨울철 추운 날씨에 갈탄으로 보온·양생을 하고 있다. 관리자는 갈탄의 유해가스로부터 작업자를 보호하려고 작업자에게 방독마스크를 지급하는 등 유해가스 중독 위험에 철저히 대비한다고 자신 있게 말한다. 나는 "방독마스크로 갈탄의 일산화탄소를 막지 못한다. 즉시 송기마스크, 공기호흡기 등을 착용하도록 해야 한다"라고 안내했다. 안전관리자가 여러 명으로 안전조직이 잘 갖추어진 사업장임에도 방독마스크를 구입하고 지급할 때 그것의 용도와 사용법 등을 확인하지 않았다. 사람의 생명을 지키는 보호구 사용을 소홀히 하고 있는 것이다.

방수작업에서도 사정은 비슷하다. 방수작업 시 착용하는 방독마스크는 유해가스 농도에 따라 정화통의 사용시간을 확인해야 하나 많은 작업관계자 및 작업자는 개인보호구 용도와 사용법을 확인하지 않고 작업 중 사고를 당하는 등 개인 보호구 사용법에 무지(無知)하다. 산업 현장의 많은 공사관계자가 개인보호구 기능과 용도, 사용법을 잘 모르며 확인하지 않고 사용한다. 대형회사는 안전조직, 안전시스템이 있음에도 기본을 놓치는 데 다를 바 없다.

개인보호구는 작업자의 생명을 보호하는 마지막 보호장구다. 개인보호구를 잘못 착용하거나 착용하지 않으면 직접 작업자의 생명에 치명적 손상을 준다. 낮은 높이 및 실내작업에서 안전모를 착용하지 않는 것도 안전모 역할을 잘 모르기 때문이다. 1~2m 낮은 높이에서 추락사고와 보행 중 머리가 바닥과 벽에 충돌 시 착용한 안전모는 죽음에서 생명을 지키는 결정적 역할을 한다. 많은 작업자는 이를 놓치고 골조작업 등 높은 장소 작업에서 잘 착용한 안전모를 실내 마감 작업에서 벗어던진다. 머리 손상에 의한 사망사고가 건설 사망사고 중 약 10%[2] 발생한다.

---

2. 낮은 높이 추락, 전도, 낙하 등 머리 손상 사망사고

각종 위험 속에서 작업을 해야 하는 산업 현장에서 생명을 지키는 마지막 안전조치는 개인보호구 착용이다. 개인보호구의 역할과 사용법에 무지하면 더 이상 기회는 없다.

● 현장소장 권한 부족

건설 현장은 현장소장 중심으로 돌아간다. 1980년대 초에 '건설회사의 꽃(별)은 현장소장이다'라는 말이 유행했다. 그만큼 건설회사에서 현장소장의 권한이 막강한 시절이었다. 전문건설업체 결정권이 현장소장에게 있고, 공사비 내역서를 현장소장 권한으로 작성했는데, 그것을 '현장 실행'이라고 했다. 현장소장이 현장에서 임의로 사용할 수 있는 비용도 상당하다. 하나의 건설 현장을 마치면 현장소장은 집 한 채 정도는 쉽게 번다는 말이 있기도 했다. 아득히 먼 옛이야기가 되었다.

지금은 건설 현장소장의 권한은 많이 축소되었고 현장에서 결정하는 경우는 많지 않다. 전문건설업체 선정과 공사비 내역서 작성 등 모두를 본사에서 한다. 앞서 말한 대로 유해·위험방지계획서·안전관리계획서의 계획수립조차도 현장 상황을 잘 모르는 건설사 본사와 작성 대행업체에서 한다. 거푸집동바리 공사, 비계 공사, 흙막이 공사 등 대부분 가설 공사의 공사방법 및 설계도서 작성, 안전관리비 집행 계획 등 대부분을 본사에서 수립하고 결정한다. 전문건설업체 공사 수행자도 현장소장의 의견을 따르는 것이 예전과 같지 않다. 가설 공사, 공사계획, 안전계획 등은 위험 및 사고 방지와 밀접하게 관련 있다. 그런데도 현장소장의 결정과 권한은 미미하다. 하지만 공사수행 중 사고가 발생하면 모든 책임은 현장소장이 안아야 한다. 심지어는 큰 사고일 경우 구속되기도 한다. 권한은 미미한데 책임은 막중한 셈이다.

● 불안전한 작업발판

건설 작업은 고소작업이므로 대부분 작업발판을 사용해야 한다. 작업발판은 먼저 설치한 비계 위에 설치한다. 국내에서 많이 사용하는 강관 비계는 낱개의 강관 파이프를 수직과 수평 방향으로 접합재인 클램프를 이용해 설치한다. 강관 비계를 설치하는 작업장에 대체로 비계 도면이 없다. 설치 간격이 정해지지 않고 작업자 임의로 설치해 안전을 확신할 수 없다. 특히 소규모 건설 현장일수록 작업발판이 취약하게 설치된다. 그래서 강관 비계에서 사고가 자주 발생하는 것이다.

나는 산업안전보건연구원에서 《안전보건동향》 2012년도 가을호의 〈국내 소규모 건설재해 증가 원인에 대한 진단과 해법〉에서 국내 건설 현장의 불안전한 작업발판 사용 실태를 발표했다. 다음은 필요한 내용을 발췌해 정리한 것이다.

- 건설 현장의 작업발판은 한 장소에 몇 개에서 많게는 수백, 수천 개가 설치되어 발판 한 개, 한 개의 안전성 확인은 어렵다.
- 발판의 안전성을 확인하려면 발판 하부를 점검해 발판이 수평재 위에 잘 걸쳐 있는지 2점 이상 견고히 고정되어 있는지 등을 확인해야 하지만 발판 위의 작업자는 발판 하부를 점검하기 어렵다.

강관 비계 공법도 작업시간을 충분히 주고 시방서, 안전기준 등을 잘 준수하면 안전하게 설치할 수 있다. 하지만 빨리빨리 작업문화, 중국 교포(조선족), 동남아 근로자, 한국 근로자 등 안전의식이 낮은 근로자, 가설 공사를 공기 단축과 공사비 절감 대상으로 보며 가설 공사를 정식 공사로 생각하지 않는 등 비정상적 건설 환경에서 강관 비계를 잘 설치할 것을 기대하는 것은 무리다.

  국내 건설 현장에서 강관 비계 위에 발판 없이 작업 실시, 불안전한 작업발판 사용 등 추락 위험이 많고 사고가 다발한다. 나는 〈건설 현장 작업발판의 사용 실태조사 연구〉(2010년 산업안전보건연구원) 76쪽에서 다음과 같이 부적합한 작업발판 사용 실태를 발표했다.

> 많은 현장에서 작업발판용으로 부적합한 PSP 유공발판(57%)[3], 갱폼 작업발판(49%), 형틀재인 유로폼(63%), 9cm 각재(44%) 등을 사용했다. 특히 발판 없이 수평비계 위 등에서 위험하게 작업한 현장이 75%를 점유했다. '부적합한 재료 사용'과 '작업발판 없음'의 사례는 주로 2~3군[4] 현장에서 발견되었다.

  국내 건설 현장에서 작업발판의 작업 기준을 잘 준수하지 않고 있다. 나는 같은 보고서 78쪽에서 작업발판 안전기준 미준수 실태를 발표했다. 다음은 필요한 내용을 발췌해 정리한 것이다.

---

3. PSP는 Pierced Steel Planking의 약자. 천공 강철판. 일명 '아나방'이라고 한다.
4. 시공능력평가 기준으로 건설회사를 구분하는 방식이다. 대기업은 대부분 1군에 속한다.

- 바닥재 간격 기준인 3㎝를 미준수한 현장이 86%로 대부분 건설 현장에서 낙하위험이 있다.
- 작업발판의 통행 폭 기준인 20㎝를 43%가 미준수해 추락·전도 위험이 있다.
- 4개의 걸침고리 체결을 미준수한 현장이 24%로 작업발판이 뒤집히는 위험이 있다.
- 벽면과 작업발판 이격거리 기준인 30㎝를 미준수한 비율이 75%이고, 50㎝ 이상인 작업장도 15%로 추락 위험이 매우 높았다.
- 높이가 2m를 초과한 말비계가 25%로 추락위험이 높았다.
- 이동식비계 작업발판 대부분에서 바닥 개구부 폭이 20㎝ 이상 발생해 추락 위험이 있다.

국내 건설 현장 관계자들은 그들이 사용해야 하는 비계 및 작업발판의 작업 기준을 잘 모른다.

나는 같은 보고서 93쪽에서 건설 현장의 현장관리자와 작업자 등의 작업발판 안전기준 미숙지 실태를 다음과 같이 발표했다.

작업발판 안전기준을 알고 있는지에 대한 질문에 건설 현장관리자의 오답률이 66%이고, 근로자의 오답률은 79%로 나타났다.

건설 현장에서는 고소 작업인 건설 작업에서 필수적으로 사용해야 하는 작업발판을 설치하지 않거나 불량한 발판을 설치한다. 작업발판 작업 기준이 잘 지켜지지 않는다. 작업자와 현장 관계자는 작업 기준을 모른다. 특히 중소 규모 현장을 중심으로 작업발판의 작업 기준 미준수가 심하다. 작업자가 추락, 낙하, 전도 등의 위험에 노출된다. 비계 붕괴사고가 발생하기도 한다.

● 국내 산업 환경 특성 핵심

산재 사망사고 발생에 직·간접적으로 영향을 주는 것은 가설 공사를 정식 공사로 인식하지 않는 작업풍토, 작업통로 부적합, 무리한 공사비 절감, 공사 기간 부족, 형식적 안전계획 수립, 공사 수행자의 가설 공사 기준 무지, 서류 중심의 안전활동, 안전관리자의 역할 어려움, 현장소장 권한 미흡, 불안전한 작업발판, 개인보호구 사용법 무지 등이다.

산재 사망사고 발생 패턴

사고의 주요 특성은 발생했던 사고가 또다시 발생하는 것이다. 사고를 예방하고 사고를 감소시키려면 가장 먼저 과거의 사고 사례를 찾고 사고 발생패턴을 분석해야 한다. 하지만 우리의 안전활동은 안전규정, 안전기준, 안전매뉴얼, 안전지침 등에 따라 실행하는 경우가 많다. 과속 사고가 다발하는 도로에 속도제한 기준이 만들어지고, 달리는 자동차에 보행자가 부딪히는 교통사고가 자주 발생하는 장소에 신호등이 만들어진다.

동일한 사고가 반복 발생할 때 안전규정, 안전기준 등이 비로소 만들어진다. 우리의 안전활동은 안전규정 등이 아니라 사고 사례와 사고 발생패턴 및 흐름을 기초로 해야 한다. 사고발생패턴 및 흐름에서 사고 방지에 필요한 위험정보와 안전정보를 찾을 수 있어야 한다. 사고를 막을 수 있는 위험정보와 안전정보는 사고 사례에 있다는 것을 명심해야 한다.

● 업종별

산재사고는 건설업 중심으로 발생한다. 산업안전보건연구원《안전보건동향》2013 가을호 27쪽의 2008~2012년 '건설사망자 발생 현황'을 보면 전 산업에서 건설업 재해자는 2008년 22%, 2009년 21%, 2010년 23%, 2011년 24%, 2012년 25% 등 증가하고 있고, 평균 약 23%를 점유한다. 전 산업에서 건설업 사고사망자는 2008년 46%, 2009년 43%, 2010년 44%, 2011년 44%, 2012년 41% 등 평균 약 44%를 점유한다.

전 산업에서 건설근로자는 2008년 24%, 2009년 23%, 2010년 22%, 2011년 21%, 2012년 18% 등 해마다 지속적으로 감소하고 있고, 평균 약 21%를 점유한다.

전 산업에서 건설근로자 점유율은 점차 줄어들고 있으나 건설사고 사망자 점유율은 44%를 유지하고 있다. 최근 건설사고 사망자 점유율은 2018년 49.9% (전 산업 사고 사망자 971명, 건설사고 사망자 485명), 2019년 50.0%(전 산업 사고사망자 855명, 건설사고 사망자 428명) 로 2009년 43%에 비해 건설 사망자 점유율이 점차 높아지고 있다[5]. 현재

---

5. 고용노동부 산업재해 발생 현황(2018년~2019년)

최근 5년간 전 사업 대비 건설 사망자 점유율(단위:명)

구분	연도	전 산업	건설업	점유율
근로자	2008	13,489,986	3,259,512	
	2009	13,884,927	3,206,526	
	2010	14,198,748	3,200,645	
	2011	14,362,372	3,087,131	
	2012	15,548,423	2,786,587	
	계	71,484,456	15,540,401	
	연평균	14,296,891	3,108,080	21%
재해자	2008	95,806	20,835	
	2009	97,821	20,998	
	2010	98,645	22,504	
	2011	93,292	22,782	
	2012	92,256	23,349	
	계	477,820	11,468	
	연평균	95,564	22,094	23%
업무상 사고성 사망자	2008	1,172(2,146)	535(613)	
	2009	1,136(1,916)	487(534)	
	2010	1,114(1,931)	487(542)	
	2011	1,129(1,860)	499(543)	
	2012	1,134(1,864)	461(496)	
	계	5,685(9,717)	2,469(2,728)	
	연평균	1,137(1,943)	494(546)	44%
사망 만인율(5년 평균)		0.79	1.59	

※ (　)는 질병사망자 포함
출처 : 산업안전보건연구원 《안전보건동향》 2013 가을호

까지의 사고사망자 발생 패턴을 보면 앞으로도 건설업 중심의 산재사고사망자 발생 및 점유율은 더욱 증가할 것으로 보인다.

● 발생 형태별

건설업 중심으로 발생하는 사고사망자는 추락이 가장 많다. 나는 산업안전보건연구원《안전보건동향》 2013 가을호 28쪽에서 '추락 사고사망자 점유율 약 36%인 전 산업에 비해 건설업은 약 57%로서 건설업의 추락사망자 점유율이 전 산업보다 약 1.6배가 높다'고 발표했다.

전 산업의 추락사망자의 약 68%가 건설업에서 발생하는데, 2018년 현황을 보면 그 비율이 77%까지 높아지고 있다. 산재 사망사고가 건설업에 더욱 집중되고 있고, 그중 건설 추락사망자가 발생 비율이 높아지는 등 사망 사고 발생패턴이 사고 후진국 형태로 더욱 심화하고 있다. 안전정책과 안전사업 및 안전활동에서 이러한 의미 있는 사망사고 발생패턴을 놓치지 말아야 한다.

2013~2018년도 건설업 떨어짐 사망자 점유율(단위:명)

연 도	전 산업	건설업	점유율
2013	349	266	76%
2014	363	256	71%
2015	339	257	76%
2016	366	281	77%
2017	366	276	75%
2018	376	290	77%
계	2,159	1,626	75%
연평균	360	271	*75%

출처 : 고용노동부 산업재해 발생 현황(2013~2018)

최근 5년간 건설업 떨어짐 사망자 점유율(단위:명)

구분	연도	전 산업	건설업	점유율
업무상 사고 사망자	2008	1,172(2,146)	535(613)	
	2009	1,136(1,916)	487(534)	
	2010	1,114(1,931)	487(542)	
	2011	1,129(1,860)	499(543)	
	2012	1,134(1,864)	461(496)	
	계	5,685(9,717)	2,469(2,728)	
	연평균	1,137(1,943)	494(546)	44%
떨어짐 사망자	2008	435	312	
	2009	417	267	
	2010	417	278	
	2011	424	294	
	2012	373	248	
	계	2066	1,399	
	연평균	413	280	68%
떨어짐 사망 점유율		36%	57%	

※ ( )는 질병사망자 포함
출처 : 산업안전보건연구원《안전보건동향》 2013 가을호

● 공사 규모별

건설업 사망사고는 120억 원 미만 중소규모 현장에서 집중 발생한다. 공사금액이 작을수록 근로자 수는 적으나 사망사고는 오히려 많이 발생한다. 나는 산업안전보건연구원《안전보건동향》 2013 가을호에 다음과 같이 발표했다.

근로자 수가 약 47%에 불과한 공사금액 120억 원 미만 건설 현장에서 사망자가 약 72% 발생한다. 이를 더 세분해서 보면 근로자 수가 약 30%인 공사금액 20억 원 미만 건설 현장에서 사망자가 약

공사규모별 사망자·재해자 현황(단위:명)

구분	연도	공사 규모별 재해자, 사망자						
		20억 원 미만	20~120억 원	120~300억 원	300억 원 이상	소계	분류불능	계
근로자	2008	1,010,842	527,954	334,448	1,371,323	3,244,567	14,945	3,259,512
	2009	980,357	510,349	327,462	1,365,703	3,183,871	22,655	3,206,526
	2010	905,892	577,028	338,688	1,337,530	3,159,138	41,507	3,200,645
	2011	920,757	509,059	320,050	1,316,062	3,065,928	21,203	3,087,131
	2012	839,996	467,045	252,338	1,205,252	2,764,631	21,956	2,786,587
	계	4,657,844	2,591,435	1,572,986	6,595,870	15,418,135	122,266	15,540,401
	점유율	30%	17%	10%	43%	100%		
사망자	2008	279	156	45	112	592	21	613
	2009	236	97	42	137	512	22	534
	2010	274	89	43	112	518	24	542
	2011	288	95	38	95	516	27	543
	2012	267	99	43	74	483	13	496
	계	1,344	536	211	530	2,621	107	2,728
	점유율	52%	20%	8%	20%	100%		
재해자	2008	14,111	3,759	824	1,496	20,190	645	20,835
	2009	14,415	3,444	700	1,510	20,069	929	20,998
	2010	16,096	3,385	578	1,215	21,274	1,230	22,504
	2011	16,888	3,266	658	1,035	21,847	935	22,782
	2012	17,168	3,881	716	1,090	22,855	494	23,349
	계	78,678	17,735	3,476	6,346	106,235	4,233	110,468
	점유율	74%	17%	3%	6%	100%		

출처 : 산업안전보건연구원 《안전보건동향》 2013 가을호

52%로 집중 발생하는 등 근로자수에 비해 약 1.7배 높게 발생한다.

사망자가 많이 발생하는 20억 원 미만의 건설 현장은 공사 책임자가 없이 작업자 중심으로 작업을 거칠게 실시한다. 안전조직은 대부분 전무하며 근로자는 필수적으로 착용해야 하는 안전모와 안전대를 착용하지 않는다. 작업발판이나 바닥단부에 설치해야 하는 기초 안전시설인 안전난간 설치를 생략하기도 한다. 그야말로 안전사각지대로서 사망사고가 집중 발생해 지속적인 관심과 감독이 필요하다.

◎ 추락 높이별

건설업의 추락 사망사고 발생 비율은 점차 증가하고 있다. 건설 사망사고의 중심인 추락사망사고는 3m 이상 높은 곳에서 대부분 발생한다. 나는 산업안전보건연구원《안전보건동향》2013 가을호 29쪽에서 추락 사망사고를 높이별로 분석해 다음과 같이 발표했다.

> 높이 3~10m에서 추락사망자의 약 56%가 발생한다. 3m 이상 높이 장소에서 추락해 바닥과 충돌하면 대부분 사망한다. 건설 현장에서 통상 높이 10m에 안전방망을 설치하기 때문에 높이 3~10m 구간의 약 56% 추락 사망사고를 막지 못한다. 또한 추락 사망자의 약 80%가 높이 3~20m에서 발생한다. 높이 3~5m 구간에 안전방망을 설치해야 한다.

나는 사업장 관계자들에게 높이 3~5m 구간에 안전방망을 설치하도록 안내했고, 안전시설을 개선하는 현장이 점차 많아지고 있다. 높이 3~5m 구간에 안전방망을 설치하는 규정이 만들어지면 더욱 좋을 듯하다.

최근 5년간 높이별 떨어짐 사망자 현황(단위:명)

발생 연도	3m 미만	3m 이상~ 10m 미만	10m 이상~ 20m 미만	20m 이상~ 30m 미만	30m 이상	계	분류 불능	합계
2008	20	165	68	17	24	294	2	296
2009	20	130	51	21	25	247	4	251
2010	22	168	69	19	17	295		295
2011	29	162	67	18	9	285	3	288
2012	23	141	67	12	13	256	3	259
합계	114(8%)	766(56%)	322(24%)	87(6%)	88(6%)	1,377(100%)	12	1,389

* 3~20m 구간에서 발생한 떨어짐 사망자(1,088명)가 전체 떨어짐 사망자(1,377명)의 80%를 차지(3~10m 구간에서 56% 차지)
* 건설업 중대재해 보고서 분석 결과임

※ 출처: 산업안전보건연구원 《안전보건동향》 2013 가을호

● **작업발판 재해**

고소작업인 건설 작업에서 사용하는 작업발판 기인물은 작업발판을 비롯해 비계, 이동식 비계, 사다리 등을 말한다. 한 장소에서 다른 장소로 이동하면서 작업할 때 이동식사다리를 자주 이용한다. 산업안전보건연구원 〈건설 현장 작업발판의 사용실태 조사연구〉(최돈흥, 2010)에 따르면 2009년 건설업 추락 재해자 6,742명 중 작업발판 기인물 재해는 3,316명으로 약 50% 발생하는 것으로 나타났다.

◉ 동종 경력별 재해 현황

사망재해는 신규 작업자보다는 경력이 많은 건설 숙련공 중심으로 발생한다. 산업안전보건연구원 〈건설 현장 작업발판의 사용실태 조사연구〉(최돈흥, 2010)를 보면 10년 이상의 경력 근로자가 전체 사망자의 약 62%를 차지하는 것으로 나타났으며 일반 재해는 6개월 미만 신규 근로자에서 약 94%가 발생하는 등 사망재해와 확실한 대조를 보인다.

◉ 연령별 재해 현황

근로자의 신체는 고령화가 될수록 민첩성이 점차로 떨어지며 갑자기 발생하는 위험에 대처하는 능력이 부족할 수밖에 없다. 50대 이상 고령근로자에게서 사망사고를 포함한 산업재해가 집중 발생한다. 젊은 근로자가 건설 작업을 기피하는 것도 많은 영향이 있다. 산업안전보건연구원 〈건설 현장 작업발판의 사용실태 조사연구〉(최돈흥, 2010)에 따르면 50세 이상 근로자에서 일반재해는 약 63~65%, 사망재해는 49%가 발생하는 것으로 나타났다. 향후 사회적 고령화와 젊은 근로자의 건설 현장 기피로 고령근로자 사망사고가 더욱 증가할 것이다.

◉ 건설장비별 재해 현황

건설장비 사망자 수는 건설 전체 사망자 수의 약 15%에서 최근 24% 이상 꾸준히 증가하고 있다. 산업안전보건연구원 〈굴삭기 등 5대 건설기계·장비의 사고사망 감소대책연구〉(2017, 임현교)에 따르면 최근 건설기계·장비 관련 사망재해 변화추이의 경우 건설업 전체 사망자 중 건설장비 사망자 수가 2009년 534명중 81명(15.2%), 2010년 487명

중 83명(17.0%), 2011년 499명 중 88명(17.5%), 2012년 461명 중 83명(18.0%), 2013년 516명 중 99명(19.2%), 2014년 434명 중 104명(24%), 2015년 437명 중 94명(21.5%) 발생 등 증가했다. 향후 인건비 증가에 따라 장비 사용은 더욱 증가할 것이고 장비 사망자도 함께 증가할 것으로 예상된다.

● 사망 재해 특성

사망 재해 주요 특성은 건설업, 추락(3~20m), 건설장비, 20억 원 미만 현장, 10년 이상 경력근로자, 50세 이상 고령근로자 등이며 향후 그 특성이 더욱 심화될 것이다.

사망재해 감소 해법

지금까지 산업재해가 발생할 수밖에 없는 작업 환경의 특성과 산업재해의 발생 패턴을 요약해 설명했다. 나는 작업 환경 특성과 산업재해 발생 패턴 맞춤형 사망 재해 감소 해법을 제안했다. 이는 본서의 내용을 포함해 안전사업과 현장업무 경험을 토대로 제안한 것이다. 나의 제안을 잘 이해해 각자가 처한 위치에서 즉시 적용하길 바란다. 그리고 획기적인 효과를 얻기를 기대한다.

● 건설 3대 사고 중심 안전활동

전쟁에서 적을 모르면 백전백패다. 어부가 물고기가 군집한 장소를 파악하지 않고 그물을 던지고 낚시를 한다면 물고기를 제대로 잡을 수 없다. 사고를 막기 위한 안전활동 또한 이와 다르지 않다. 산재 사망사고를 막고, 감소시키겠다고 하면서 사고 특성과 패턴을 모르면 사고를 제대로 막을 수 없다. 산재 사망사고 전체를 한번에 파악하고 쉽게 기억하는 것이 필요하다. 그래야만 안전활동에 적용할 수 있다. 앞서 말했듯이 나는 산재 사망사고의 핵심을 '건설 3대 사고'로 정했다. '건설 3대 사고'는 '건설 3대 사망사고'와 '건설 3대 대형사고'로 나뉜다.

건설 사망사고는 90% 이상이 3대 사고로 발생한다. ①추락으로 약 60%, ②건설장비로 약 25%, ③머리손상으로 약 10% 등이다. 건설의 추락과 장비로 발생하는 사망사고 비율은 해마다 꾸준히 증가해왔다[6]. 앞으로도 증가 추세는 계속될 것이다. 건설업 추락과 장비로 발생하는 사망사고 방지에 필요한 조치를 더욱 집중해야 한다.

건설업에서 발생하는 '건설 3대 대형사고'는 ①붕괴(동바리, 흙막이, 비계 등), ②도괴(크레인, 항타기, 철골, PC 등), ③화학물질 사고(화재, 폭발, 질식, 중독 등)이다. '건설 3대 사망사고'와 '건설 3대 대형사고' 등의 특징과 안전활동은 다소 차이가 있다.

구분	'건설 3대 사망사고'	'건설 3대 대형사고'
종류	① 추락, ② 장비, ③ 머리손상	① 붕괴, ② 도괴, ③ 화학물질
특징	• 장비 : 충돌, 깔림, 끼임, 협착 등 장비와 사람의 접촉으로 발생 • 머리 손상 : 전도, 낮은 높이 추락, 낙하 등	• 붕괴 : 거푸집동바리, 흙막이, 비계 등 • 도괴 : 크레인, 천공기, 철골, PC 등 • 화학물질 : 화재, 폭발, 질식, 중독 등
사고 원인	• 작업통로, 작업공간 없거나 부적합 • 잘못된 작업습관	• 작업 기준 무지, 미준수

---

6. 건설추락 사망사고 : 50% → 60%, 장비 사망 : 15% → 25%

구분		'건설 3대 사망사고'	'건설 3대 대형사고'
작업·장소·시기 사고 피해자		• 모든 작업·장소·시기·작업자	• 특정 작업·장소·시기·작업자

예방	예방	• 추락 : 추락 방지시설 설치
		  (발판, 난간, 방망, 안전줄, 안전덮개)
		• 장비 : 장비 접근방지 시설 설치
		  (라바콘, 경계표시, 방책, 안전펜스 등)
		• 머리손상 : 안전모 착용(턱끈 체결)
			• 시공도면 작성, 준수
			• 각 단계별 작업절차서 작성, 준수
			• 시공 중 주요 안전조치 이행 확인(감시인)

	사전 계획	• 평상시 안전활동·올바른 작업습관이 중요 • 통로·작업공간 확보, 자재 정리·정돈 • 안전시설(추락, 장비) 설치, 안전모 착용	• 사전 작업계획 필수
전문가 검토		• 중요하지 않음	• 사전 전문가 검토·확인 필수
사망자 수		• 건설사망자의 대부분(약 90~95%)	• 일부분

건설 사망사고 발생의 주범이며 핵심 타깃은 '건설 3대 사고'이다. 이것을 알고 안전활동을 해야 사고를 제대로 막을 수 있다. 건설 현장은 물론 재해예방 지도기관, 학계, 협회, 감독관청 등에서 '건설 3대 사고' 예방 중심의 안전활동이 펼쳐져야 한다.

● 작업통로 확보

앞서 말했듯이 건설 작업은 사람이 이동하면서 이루어진다. 건설 작업 시 사람이 이동하기에 적합한 이동통로가 확보되어야 한다. 추락, 각종 장비사고, 머리손상 사고(낮은 높이 추락, 낙하, 전도) 등 건설업 사망사고의 90% 이상을 차지하는 '건설 3대 사망사고'의 근본 원인은 결국 작업통로와 작업공간의 부적합으로 발생한 것이다.

현장관리자는 작업계획 시 작업자의 작업통로와 작업공간 확보를 최우선으로 해야 한다. 작업자는 항상 최소 1m 이상의 작업통로를 확보해야 한다. 작업통로로 사용하는 작업발판, 계단실, 엘리베이터 홀, 복도 등에 자재·공구를 방치하지 말고 작업부산물은 즉시 제거하고 반출해야 한다. 비계의 작업발판 위에 벽돌·석재 등 자재를 과다하게 적치하지 말아야 하며 통행할 때에는 미리 통로를 확보해야 한다.

현대의 건설 작업은 대부분 장비를 이용한다. 건설 사망사고에서 과거 15%를 점유하던 장비 사망사고가 최근에는 약 25% 증가했다. 장비 사망사고는 장비 사용 확대와 더불어 향후 더욱 증가할 것이다. 장비 작업은 대부분 작업자와 함께 이루어진다. 움직이는 장비와 사람이 접촉하면 사람은 대부분 사망한다. 그래서 대부분의 장비 사망사고는 충돌, 협착, 깔림, 끼임 등으로 발생한다. 장비사고 역시 작업자의 작업공간과 작업통로의 부적합으로 발생한다. 따라서 장비 사용계획 시 작업자의 작업공간 및 작업통로 확보를 확인해야 한다. 작업 중에 관리자·감시인 배치로 작업자의 작업통로와 공간이 확보되는지 확인해야 한다. 각종 안전점검에서 가장 먼저 해야 할 것은 작업통로 확인이어야 한다. 작업자의 작업통로와 작업공간의 확보만으로 건설 사망사고는 확실히 감소할 것이다.

● 가설 공사 정상화

건설 현장에서 시공자가 해야 할 것은 '도면대로 시공하는 것'이며 감리·감독자는 '시공자가 도면대로 시공하는 지를 감시·감독하는 것'이다. 공사는 본공사와 가설 공사가 있다. 가설 공사는 본공사를 위해 임시로 설치·사용한 후 철거하는 것으로 형틀, 흙막이, 비계 등이 해당된다. 하지만 국내 건설 현장은 제대로 된 가설 공사도면이 별로 없다. 비계 및 거푸집동바리 등의 작업은 도면 없이 전문건설업체 작업자가 그들의 경험과 생각으로 임의로 작업하기도 한다. 가설 공사를 하는 작업자와 공사 수행자 대부분은 가설 공사 시방서, 안전규정·기준 등을 모른다. 가설 공사를 제대로 할 수 없는 것은 당연하다. 이런 상황에서 사고는 발생할 수밖에 없다. 이를 해결하려면 다음과 같은 제도적 장치가 필요하다.

설계자가 가설 공사 도면 작성

본 건설물 설계 시 설계자가 가설 공사 도면을 함께 작성하는 방안을 검토해야 한다. 가설 공사를 본공사와 동일하게 설계, 계약, 감리·감독, 시공, 단계별 확인, 준공 등의 각 단계별 절차를 준수하도록 해야 한다. 모든 공사 관계자가 가설 공사를 본공사와 같이 정식 공사로 대하는 인식의 변화가 필요하다.

공사 수행자의 가설 공사 교육 의무화

공사 수행 전에 가설 공사의 작업 기준에 대한 교육이 필요하다. 공사 수행자를 대상으로 가설 공사 시방서, 안전규정·기준, 가설 공사 사고 사례 등에 대한 교육을 의무화하는 방안을 검토해야 한다.

가설 공사 작업 기준 요지 게시

작업장 주요장소에 가설 공사 작업 기준 요지를 게시해야 한다.

작업장 내에 가설 공사 시방서, 작업 기준, 안전규정 등의 요지와 사고 사례를 게시해 작업관계자가 안전기준 등을 잘 숙지하도록 해야 한다.

● 안전계획서 수립 정상화

이제는 보여주는 안전활동, 승인과 허가를 위한 안전활동에서 벗어나야 한다. 사고를 막기 위한 안전계획을 수립을 하고 안전활동을 해야 한다. 안전계획은 유해·위험방지계획, 안전관리계획, 중량물 취급계획, 장비 이용계획, 동절기 공사계획, 크레인 작업계획, 밀폐 작업계획 등 다양하다.

안전계획서는 안전자료 모음집이 아니다. 안전계획서가 안전규정, 안전기준의 내용을 열거한 것이어서는 곤란하다. 그렇게 작성된 안전계획은 작업장에서 활용할 수 없다. 명칭만 안전계획서, 작업장에서 작동할 수 없는 안전계획서가 작성되고 있다. 시간과 예산만 낭비할 뿐이다. 작업에 대한 내용이 있어야 한다. 실제 사용할 장비, 작업 순서 및 작업 방법에 대한 내용이 있어야 한다. 안전계획이 본공사 및 가설 공사 도면에 명시되어야 한다. 위험이 구체적이어야 한다. 선정한 대책 또한 도면에 정확히 표현되어야 한다. 안전조치 이행 여부를 확인하는 방법이 명확해야 한다. 안전계획이 현장에서 작업자가 실행할 수 있는 것인가 하는 점을 가장 먼저 생각해야 한다. 모든 안전계획에 작업 과정의 작업통로 확보 방안이 있어야 한다.

공사 경험이 별반 없고 공사를 수행하지 않을 대행사에게 작업(안전)계획을 수립하게 하고 그 계획으로 공사를 할 수 없지 않은가? 짐 콜린스는 《좋은 기업을 넘어 위대한 기업으로》에서 이렇게 말했다. '위대한 회사로 전환한 경영자들은 버스를 어디로 몰고 갈지 먼저 생각하고 버스에 사람들을 태우지 않았다. 버스에 적합한 사람들을 먼저 태우고 버스를 어디로 몰고 갈지 생각했다.'

공사를 수행할 현장소장, 공사 과장, 안전관리자 등 공사 수행자를 먼저 선정한 후 그들이 안전계획을 수립하도록 해야 한다. 사업과 작업 그리고 안전이 별개가 아니다. 함께 가는 것이다. 건설사는 '사업의 성패 대부분은 작업(안전)계획에서 나온다'는 것을 명심해야 한다.

● 발주자의 안전역할 강화

발주자, 감리·감독자는 발주, 계약, 자재 승인, 시공 상태 확인, 설계 변경 승인, 공사 기간 연장 등의 권한이 있다. 대체로 시공자는 발주자 등의 지시에 따라야 한다. 발주자의 관심은 그들이 공사 후에 인수하는 본공사 목적물에 있다. 공사 준공 후 그들이 인수하지 않는 가설 공사에 관심이 낮을 수밖에 없다. 발주자 등이 시공사에게 요구하는 대부분은 본공사에 관한 것이다. 시공사는 가설 공사에 관심을 가질 여력이 없다.

가설 공사를 직접 하는 전문건설업체는 작업을 빨리할수록 이윤이 커지므로 자율적으로 도면과 시방서, 작업 기준 등을 준수할 것을 기대하는 것은 무리다. 발주자, 감리·감독자, 건설사 본사, 전문건설업체 등 공사 참여자들의 무관심 속에 가설 공사가 졸속으로 시공되고 있다. 그래서 가설 공사에서 사고가 다발하는 것이다. 건설업 사고의 대부분인 가설 공사 사고를 막으려면 다음의 방안을 따라야 한다.

첫째, 착공 전에 가설 공사 도면을 계약서류에 포함해야 한다. 사고를 막으려면 가설 도면을 착공 전에 작성토록 해야 한다. 공사 발주와 입찰 시 가설 도면을 첨부하고 계약서류에 가설 도면을 포함해야 한다.

둘째, 감리·감독자가 가설 공사 각 작업 단계별로 승인하도록 해야 한다. 감리자에게 안전감독의 권한과 책임을 강화해야 한다. 감리자에게 가설 공사 설치, 유지, 해체 등 각 단계별로 승인 권한을 강화해야 한다.

● 최소 공사 기간 보장

건설공사에서 많은 사고가 무리한 공기 단축에 따른 돌관공사에 간접적으로 영향을 받는다. 무리한 공기 단축은 건설물 품질에도 악영향을 준다. 공사 종류별 적정 공사 기간을 정해 시공자에게 최소 공사 기간을 보장해야 한다. 발주처 등 무리한 공기 단축 요구에 거부할 수 있는 시공권을 시공자에게 주어야 한다. 발주자는 시공자에게 충분한 공사 기간을 주고 현장 감독으로 해금 공사 각 단계별 작업 기준을 준수하는지 여부를 철저히 확인하도록 해야 한다. 최소한의 공사 기간을 확보해 안전과 품질을 동시에 얻는 지혜로운 방안을 생각해야 한다.

● 불법 재하도급 감시 강화

인터넷 상품 구매 방식은 직거래 방식으로 중간 마진[7]을 줄일 수 있다. 소비자는 인터넷으로 상품을 구매해 저렴하게 구매할 수 있다. 중

---

7. 원가와 판매가의 차액

간상인이 많을수록 상품 가격은 올라갈 수밖에 없다. 발주처와 계약한 일반 건설회사는 각 작업(공종)별로 전문건설업체와 계약해 공사를 수행한다. 종합건설회사는 각 작업을 직접 하지 않고 공사 전체를 관리한다. 종합건설회사와 공사 계약한 전문건설업체는 공사하지 않고 계약한 공사금액 중 일정한 이윤을 제하고 다른 업자에게 전문건설공사를 넘기는 경우가 있다. 심지어 몇 단계를 거치는 경우도 있다. 이러한 불법 하도급으로 안전은 물론 공사 품질에까지 악영향을 준다. 이들은 불법행위가 드러나지 않도록 계약서 등 문서를 남기지 않는다. 계약금액에서 현저히 낮은 공사금액으로 공사를 하려면 각종 가설 공사 축소와 무리한 공기 단축으로 위험이 증가한다. 공사의 각 단계별 시방서, 안전규정 준수 여부 등의 철저한 확인으로 재하청에 따른 낮은 공사금액으로 공사를 할 수 없도록 해야 한다.

● 안전서류 간소화와 현장 중심의 안전활동

앞서 언급했듯 안전활동은 작업장에서 사고를 막는 직접적인 안전조치를 하기 위한 것이어야 한다. 과도한 행정안전으로 현장의 안전조치에 오히려 장애가 되면 안 된다. 안전활동 과정에서 수반되는 안전서류는 작업장의 안전조치에 필요한 최소한으로 작성되어야 한다.

작업장 안전점검 시 안전점검 전경에 대한 사진 촬영을 하는 것을 자주 보게 된다. 안전점검에서 드러난 위험에 집중하지 않고 안전점검 자체만 보면 안 된다. 정해진 안전매뉴얼을 따라서 안전활동을 할 것이 아니라 핵심 위험을 보고 해야 할 직접적인 안전조치를 먼저 확인한 후에 필요한 안전활동을 해야 한다.

사고를 막고자 하는 의지와 목표는 같으나 사고를 막기 위한 예방활동의 종류와 방법은 기관별로 다소 차이가 있을 수 있다. 하지만 안전활동과 안전서류 작성 등 안전행정을 처리해야 하는 현장에서 유사한 안전서류 작성 등 중복 안전행정에 불필요한 시간과 인력이 낭비되지 않도록 해야 한다. 건설 현장의 안전활동에 필요한 안전서류 형태·양식의 통일과 축소를 생각해야 한다. 안전행정을 최소화하고 현장 안전시설 설치 등 안전조치에 집중하도록 해야 한다.

● 위험 정보 제공 체계화

사고 방지를 위해 가장 먼저 해야 할 것은 안전규정, 안전기준 확인이 아니다. 동일 작업에서 발생했던 사고 사례의 위험 정보를 확인하는 것이 우선이다. 지난 30년간 산업 현장에서 발생한 수많은 사고 사례가 있다. 그 사고 사례 중 일부만 재해 사례 속보로 공개되고 있다. 사고 사례 속보 전부를 빅데이터화해 현장 작업 관계자가 쉽게 검색해 현장에서 활용하고 적용할 수 있도록 위험 정보 제공을 체계화할 필요가 있다.

사고 사례 종류는 추락, 낙하, 감전, 충돌, 협착, 깔림, 끼임 등 무수히 많다. 어떤 작업이든 여러 종류의 위험이 다소나마 존재한다. 모든 사고 위험을 대비할 수도 없고 그렇게 할 필요도 없다. 작업별 위험이 가장 높고 치명적인 것을 선정해서 대비해야 한다.

각 작업장에서는 작업별로 가장 큰 중대 위험과 발생 가능성이 높은 위험 1~2개를 정해 그 위험에 집중 대비해야 한다. 각 작업별 3대 이내의 위험을 정해 작업 수행자가 쉽게 검색 및 확인하도록 위험 정보 제공을 체계화할 필요가 있다.

● 현장 기초 안전활동 정착

 부뚜막의 소금도 솥에 넣어야 짜다. 안전활동을 잘하고 안전조직과 안전시스템이 우수해도 작업장에서 안전활동의 효과가 나타나지 않으면 소용없다. 작업장에서 안전시설 설치, 방호장치 부착 등 직접적인 안전조치가 이루어져야 한다. 그래서 작업장의 기초 안전활동이 중요하다. 작업장에서 작업의 위험을 찾아내는 ① 위험 발견, 그 위험이 사고로 발생하는 것을 막는 ② 맞춤형 안전대책 선정, 작업 중에 대책을 제대로 이행하는지 여부를 확인하는 ③ 안전조치 이행 확인(감시인 배치) 등 '3대 기초 안전활동'이 그것이다. 3대 기초 안전활동이 전 작업장에 전파되고 습관화되고 정착되어야 사망사고가 확실히 감소할 것이다. 이를 위해 신문, 방송 등 홍보 및 관계 기관의 각종 캠페인도 필요하다.

● 사고 사례 게시

 백문이 불여일견(百聞不如一見)이다. 앞서 말한 것처럼 안전의식 고취를 위해 안전교육도 필요하지만 작업장에서 사고 사례를 직접 보게 하는 것이 효과적일 수 있다. 작업장별로 핵심 사고 사례를 선정해 작업장에 게시하도록 할 필요가 있다. 작업자가 그들이 작업장에서 발생할 만한 사고 사례와 위험을 확인한 후 작업을 할 수 있도록 해야 한다. 모든 작업장에 맞춤형 사고 사례 게시를 위한 감독관청, 발주처, 건설사 본사, 연구기관 및 학계, 재해예방기관 등의 공감대 형성이 필요하다.

● 안전관리자 역할 정상화

안전관리자는 작업장에서 안전전문가로서 안전지킴이, 안전파수꾼이다. 위험을 감시하고 잘못된 안전활동을 지도하고 조언하는 역할을 해야 한다. 현실은 어려움이 있다. 많은 안전관리자가 고용을 보장받지 못하고 계약직, 임시직으로 활동하고 있다. 고용을 보장받지 못한 안전관리자가 근로자의 생명을 지키는 귀중한 역할을 잘해줄 것을 기대하는 것은 무리다. 안전관리자를 정규직으로 해 고용을 안정하는 것이 좋을 듯하다.

현재는 안전관리자를 선임해야 하는 공사규모가 50억 원으로 확대되었다. 안전관리자 정규직 전환은 많은 건설사의 부담이 될 수도 있다. 안전관리자협회 구성을 생각해 볼 수 있다. 안전관리자 정규직 전환에 부담되는 건설사는 안전관리자 인건비 전액을 안전관리자협회에 납부하고 안전관리자협회는 회원 건설사에게 협회에 가입된 안전관리자를 배치하는 방안이다. ITC(정보통신기술) 발달로 안전관리자협회의 안전관리자 배치 업무는 최소 비용으로 운영이 가능할 것이다.

사업장의 사고 방지 활동은 안전계획을 비롯해 안전교육, 안전점검, 안전회의, 안전협의체, 위험성 평가, 중량물 취급계획, 장비 사용계획, 동절기 작업계획, 밀폐공간 작업계획 등은 관리책임자 또는 관리감독자가 처리하도록 업무를 개선해야 한다. 건설사와 현장소장은 안전관리자가 그들의 역할을 제대로 할 수 있도록 안전작업계획 수립에서부터 안전회의, 안전교육, 안전관리비 집행 등 많은 업무를 관리감독자 등이 수행하도록 현장 안전업무 시스템을 바꾸어야 한다.

안전관리자는 보좌, 건의, 지도, 조언 등 안전관리자의 역할을 전담

하도록 해야 한다. 사업장에서 위험을 제대로 발견하는지, 안전대책이 잘 수립되는지, 안전대책을 포함해 작업 과정에서 안전시설 설치 등 안전조치가 정확히 이행되는지 등을 감시해 지적된 문제를 지도, 조언, 건의하는 역할을 해야 한다. 각 사업장에서 자율적으로 안전관리자 역할의 정상화를 기대하는 것은 무리다. 외부 기관의 실태 파악과 감시·감독도 필요한 듯하다.

● 비계 선행공법 적용

1층 등 낮은 높이의 골조작업 시 발판을 설치하지 않고 이동식사다리 등을 설치 활용 또는 작업발판 없이 작업을 하기도 한다. 2층 이상 작업할 때 비로소 비계와 발판을 설치한다. 비계·발판 없이 이루어지는 낮은 높이 작업 시 추락 위험이 높다.

'비계 선행공법'은 구조물 건설 전에 비계와 발판을 먼저 설치해 작업자가 작업발판 위에서 작업을 할 수 있는 공법이다. 앞서 말한 대로 이 공법은 추락 사고를 막으려고 일본에서 개발해 적용한 공법으로 추락 사망사고를 획기적으로 감소시켰다고 한다. 목구조로서 가구식인 일본과 국내의 작업 환경은 다소 차이가 있지만 국내의 콘크리트구조인 일체식과 벽돌구조인 조적식 작업 환경에도 비계 선행공법을 적용하면 어느 정도 추락 위험을 줄이고 쾌적한 작업 환경까지 얻을 수 있을 것이다.

● 관리책임자 선임 확대

사망사고가 집중하는 소규모 건설 현장은 관리자 1인이 2개소 이상의 건설 현장을 담당하기도 한다. 현장업무 외에 거래처 방문 등 다른 업무를 동시에 수행하게 되므로 소규모 건설 현장은 관리자 없이 작업자 중심의 작업을 하게 되어 위험에 노출된다. 작업 전 위험 확인, 안전대책 선정, 안전조치 확인 등 '기초안전활동'이 무시되고 있다.

최소 1인의 현장관리자가 작업장에 상주하도록 관리책임자 선임기준을 공사금액 20억 원 이상에서 안전관리비 편성 대상 규모인 공사금액 4천만 원 이상으로 확대하면 좋을 듯하다. 사고 위험이 많은 소규모 건설 현장에 최소 1인의 관리책임자 관리하게 해야 한다. 현장상황을 가장 잘 알고 있는 현장소장이 현장을 직접 총괄하도록 하는 것이 좋을 듯하다.

◉ 안전사업별 사망사고 감소 역량 확인

사망사고를 줄이기 위해 여러 종류의 안전사업이 추진되고 있다. 각 안전사업이 산재 사망사고를 줄이는 데 얼마나 역할을 하는지 정확하게 평가하는 것은 무리이지만 안전사업별 대략적인 사망사고 감소 역량을 생각하는 것이 필요할 듯하다. 각 지역별, 각 기관별 산재 감소를 평가하는 것과 같이 각 안전사업도 산재감소 기여 정도를 평가해 확대, 축소, 개선, 보완해 산재 감소 실행력과 경쟁력을 높이는 방안에 대한 고민이 필요하다.

◉ 3~5m 높이 안전망 설치 강화

산재 사망사고는 건설업 사망사고를 중심으로, 건설업 사망사고는 추락 사망사고를 중심으로, 건설업 추락 사망사고는 높이 3~10m 추락 사망사고 중심으로 발생한다. 건설근로자의 약 30%에 불과한 20억 원 미만 소규모 건설 현장에서 건설 사망사고의 약 50% 이상이 발생한다. 소규모 건설 현장에서 주로 사용하는 강관 비계는 다음과 같이 추락 위험이 높다.

- 비계 설치·해체 작업이 작업발판 없이 약 4.6cm 원형 파이프 위에서 실시한다.
- 강관 비계 전 구간에 작업발판을 설치하지 않고 일부 작업 구간에 작업발판을 설치하고 작업 장소가 이동함에 따라 작업발판도 이동해 설치하므로 추락 위험이 높다.

추락 위험이 높은 강관 비계를 설치하는 20억 원 미만 소규모 건설 현장의 높이 3~10m 구간에서 발생하는 추락 사망사고를 막기 위해 높이 3~5m 구간에 안전방망을 설치하도록 안전규정을 강화할 필요가 있다.

● 사망사고 방지 위원회

사고를 막기 위한 제도와 안전활동은 어느 한 부처, 한 기관의 힘과 노력으로 성사되지 않는다. 사업장은 지자체, 감독관청, 발주처, 지자체, 대학교 및 연구기관 등 학계, 재해예방기관 등이 관계있다. 산재 사망사고는 건설업의 추락과 장비사고 중심으로 발생한다. 모든 관계 기관이 함께하는 '사망사고 방지 위원회'를 구성해 산재 사망사고의 중심인 건설업 사망 감소를 집중 타깃으로 중·장기적으로 운영할 필요가 있다. 학교의 조기 안전교육, 발주처의 최소 공사비·최소 공사기간 보장, 연구기관의 산재 기초연구, 지자체의 감시와 감독, 안전관련 법령 개선, 재해 예방기관의 핵심 위험 정보와 안전정보 전파 등에 대한 지속적 고민과 협의 그리고 실천을 함께해야 한다.

● 소규모 건설 현장 집중관리

사망사고가 다발하는 20억 원 미만의 소규모 건설 현장의 사고 방지 감시체계를 지속적으로 추진해야 한다. 핵심 타깃은 추락 방지시설, 장비접근 방지시설, 안전모 착용 등 3대 항목이다. 건설 안전패트롤을 전담하는 부서를 구성하고 운영 방법을 보다 단순화하고 지속적으로 추진해야 한다. 3대 핵심 안전조치 미실시 등은 즉시 해당 작업을 중지하고 안전조치 후 공사 재개하도록 건설 안전패트롤 활동을 더욱 활성화해야 한다.

● 기초 안전연구 환경 마련

기초적 안전연구의 투자 없이는 지속적인 재해 감소는 기대하기 어렵다. 국내 건설안전 연구에 대한 투자는 미국, 영국, 일본 등 선진외국에 비해 턱없이 부족하다. 장기적·체계적 재해 예방을 위한 안전사업 연구에 인력과 예산 등 과감한 투자가 이루어져야 한다.

마치며

지난 30년간 추진한 안전대책, 안전활동이 사고 방지 효과는 있었으나 안전선진국 수준의 만족할 정도는 아니다. 이제 우리의 안전도 안전선진국 수준으로 올라가야 한다. 부록에서 산재사고 방지 방안을 종합하는 과정에서 본문과 다소 중복되는 내용은 독자의 이해를 바란다. 지금껏 제안한 사망사고 방지 방안이 산업 현장에 적용·활용되어 사망사고 감소에 기여할 수 있기를 기대한다.

오늘도 일터에서 4명이 죽는다

초판 1쇄 2020년 10월 5일

지은이 최돈흥
펴낸이 서정희   **펴낸곳** 매경출판㈜
기획제작 ㈜두드림미디어
책임편집 우민정
마케팅 강동균 신영병 이진희 김예인

매경출판㈜
등록 2003년 4월 24일(No. 2-3759)
주소 (04557) 서울특별시 중구 충무로 2(필동 1가) 매일경제 별관 2층 매경출판㈜
홈페이지 www.mkbook.co.kr
전화 02)333-3577(내용 문의 및 상담) 02)200-2636(마케팅)
팩스 02)2000-2609   **이메일** dodreamedia@naver.com
인쇄·제본 ㈜M-print 031)8071-0961
ISBN 979-11-6484-178-3 (13530)

책값은 뒤표지에 있습니다.
파본은 구입하신 서점에서 교환해드립니다.

이 도서의 국립중앙도서관 출판예정도서목록(CIP)은 서지정보유통지원시스템 홈페이지
(http://seoji.nl.go.kr)와 국가자료공동목록시스템(http://www.nl.go.kr/kolisnet)에서
이용하실 수 있습니다.
(CIP제어번호 : CIP2020040113)